反惰性

如何成为具有超强行动力的人

[德]加布里埃尔·厄廷根（Gabriele Oettingen）◎著

吴果锦◎译

———

Rethinking
Positive Thinking

———

江苏凤凰文艺出版社
JIANGSU PHOENIX LITERATURE AND
ART PUBLISHING, LTD

图书在版编目（CIP）数据

反惰性 /（德）加布里埃尔·厄廷根著；吴果锦译 . -- 南
京：江苏凤凰文艺出版社，2020.6
书名原文：Rethinking Positive Thinking
ISBN 978-7-5594-4695-4

Ⅰ.①反… Ⅱ.①加…②吴… Ⅲ.①成功心理 – 通
俗读物 Ⅳ.①B484.4-49

中国版本图书馆CIP数据核字（2020）第049896号

著作权合同登记号　图字：10-2020-128 号

反惰性

[德]加布里埃尔·厄廷根　著

吴果锦　译

责任编辑　李龙姣

特约编辑　王文彬

装帧设计　卓义云天

出版发行　江苏凤凰文艺出版社

　　　　　南京市中央路 165 号，邮编：210009

网　　址　http://www.jswenyi.com

印　　刷　唐山富达印务有限公司

开　　本　880 毫米 ×1230 毫米　1/32

印　　张　6.5

字　　数　120 千字

版　　次　2020 年 6 月第 1 版　2020 年 6 月第 1 次印刷

书　　号　ISBN 978-7-5594-4695-4

定　　价　49.00 元

江苏凤凰文艺版图书凡印刷、装订错误可随时向承印厂调换
电话：（010）83670070

赞 誉

加布里埃尔·厄廷根的这本著作发人深省，有理有据，是一本内容上佳的自助类书，书中为大家介绍了一种有趣的思维方式，可以帮助任何年龄段的读者克服生活中的艰难困苦，值得一读。

——詹姆斯·约瑟夫·赫克曼，2000 年诺贝尔经济学奖获得者，

美国芝加哥大学经济学讲座教授

本书充满智慧，读来令人愉悦。乐观的思维方式，有些是有益的，有些则是有危害的；加布里埃尔·厄廷根教授所开展的科研事业，就是要把这两者区分开来。她的研究成果意义深邃、内容丰富，每个人都能从中有所收获。

——丹尼尔·吉尔伯特，哈佛大学讲座教授，

《撞上快乐》作者

从幻想当中你能获得什么？本书内容令人振奋、颇有分量，它将教会你怎样将梦想变为现实。你一定会惊讶于它对传统思维方式的颠覆。

——卡罗尔·德韦克，美国斯坦福大学讲座教授，

《心态》作者

曾经有教育工作者问我，最有效的提高自制能力的措施是什么。我跟很多科学家交流过这个问题，而他们给出的回答在这本精彩绝伦、慧眼独具、热情洋溢的书里都能找到。读一读这本闪烁着智慧的书，再按照加布里埃尔·厄廷根教授的讲解去实践一下，它会改变你实现梦想的思维方式。

——安吉拉·达科沃斯，美国宾夕法尼亚大学心理学副教授，

2003 年"麦克阿瑟天才奖"获得者

你想戒烟？减肥？提高学习成绩？维持和谐的人际关系？或把公司经营得更有效率？若是如此，这本基于 20 多年实证研究、通俗易懂的书就是你的最佳选择。设立一个目标，设想会遇到的障碍，再设计前进的路线——这种方法似乎没什么神奇的，可是你猜怎么着？还真有效！

——加里·莱瑟姆，加拿大多伦多大学

罗特曼管理学院组织效能讲座教授

加布里埃尔·厄廷根教授是全世界研究人类内心动力的心理学家中的佼佼者，在这里，她对"积极思维的益处"这一传统观念提出了强有力的、基于科研的挑战。本书极富实用价值，可谓生逢其时，也欢迎读者朋友批评指正。

——劳伦斯·斯坦伯格，美国宾夕法尼亚州天普大学

心理学特聘教授，《机遇时代》作者

目录 | CONTENTS

自 序

是什么妨碍了你实现梦想？

你最大的愿望是什么？你对未来的期望是什么？你想变成什么样的人，想从事什么样的工作？想象一下自己梦想成真的情形。那该是多么美妙啊，多么令人心满意足啊！然而，是什么阻碍了你的梦想的实现？在你的内心深处，是什么绊住了你，使你无法迈开步子？

《反惰性》是一本关于"愿望"和"实现愿望"的书，它以20年的内心动力研究为基础，向大家阐述了一个简单而令人惊讶的理念：追梦路上的障碍，其实是实现梦想的台阶。在遇到一个正在追逐梦想的人时，我们大都会给出这样的建议：往好处想！别老想着那些困难，它们会让你泄气；乐观一点，把心思放在要做的事上；展望一下美好的未来，那时你将是多么积极活跃；想象一下，减掉10千克肥肉之后，你会变得多么漂亮；想象一下，得到晋升之后，你会变得多么快乐；想象一下，戒酒之后，你在恋人眼里会变得多么迷人；想象一下，开创了这项新业务之后，你会变得多么事业有成……保持积极的思维方式，眨眼之间，你的愿望和梦想就都实现了。然而，"想"并不意味着"做"。我的研究已经证实，仅有幻想反而强化人们的惰性，削弱人们的行动力（过度纠结于实现梦想过程中的种种障碍，也会产生同样的结果）。

无视现实，梦想就很难真的实现，其原因是多方面的。幻想所带来的愉悦感会在我们脑中形成美梦成真的假象，如此一来就腐蚀了我们的活力，从而导致在现实中我们无法全力以赴，应对困难。通过研究人类内心动力，一个更为复杂的思维模式浮现出来。这是一种全新的"憧憬"方法，我将其称作心理比对。通过心理比对，在憧憬未来的同时，我们将考虑到，在实现梦想的过程中，自己会遇到的"路障"。大家也许害怕，一旦将梦想与现实对接，我们的雄心壮志就会被浇上一盆冷水，我们会变得没有干劲、萎靡不振、裹足不前。可事实并非如此。在使用心理比对思维工具时，我们不仅可以从中获得干劲和行动力，而且还能顺利克服一道道障碍，从而在达成愿望的道路上越走越远。

在我的研究中，被调查的对象使用过心理比对思维工具之后，在戒烟、减肥、提高学习成绩、维持和谐的人际关系、从事经营活动等方面均变得行动力十足。简言之，通过往人们对未来的乐观幻想中加入一点现实因素，心理比对这种思维工具会将"想"与"做"结合起来。在《反惰性》这本书里，我首先将向大家证明，乐观的幻想对实现愿望的作用并非像人们鼓吹的那样好。接着我将检验一个简单的假设——让愿望与现实障碍"齐头并进"会是什么效果。接着，我将对心理比对思维工具做深入研究，重点研究它在我们的潜意识层面的作用。

在本书最后两章，我将向大家介绍心理比对应用于3种常见的个人愿望的情况——想要更健康的身体、想要更和谐的人际关系、想在学习工作中表现得更好，并且就如何开始在自己身上应用该思维工具提出建议。尤其需要指出的是，我将用代号WOOP来表示心理比对的4个步骤，它来自相对应的英语单词的首字母，即"愿望（wish）、结果（outcome）、障碍（obstacle）、计划（plan）"。WOOP易记易学，可随时用在不同期限的愿望上面，并且已经被科学实验所证实，该工具能够帮助大家变得目标明确，更有干劲。

我写作本书的初衷，就是为那些陷入困境、无所适从的人提供指导；当然本书也可以帮助那些人生尚属顺利的人锦上添花；此外，如果有人正面对某种艰难的挑战，且由于此前的屡战屡败而导致自己一直找不到方向，那么这本书也是有用的。说到底，这本书是写给所有人看的，因为我们每个人都破除影响行动力的惰性，并沿着人生的轨道继续向前。

为什么这么说呢？因为传统社会有着太多的"规矩"：惯例、习俗、规章、法律、规范……这些规矩限制了个体的自主性，给人套上了枷锁和责任。在社会的巨大压力下，我们总会受外力左右，没办法自己选择。在这样的社会环境下，人们所面临的主要问题是保持斗志、不屈不挠。

在现代社会，上述情况则完全改变了。我们面对的是某些人所说的"自由的诅咒"，再没有什么外界权威左右我们的决定。很多人享受着前所未有的自由。然而，其副作用就是，我们得靠自己，从自己身上找到方法，保持前进的动力。没有人教我们如何保持健康的体魄，如何追求事业抱负，如何组建家庭；没有人监督我们的人生是否有意义……这一切全靠我们自己了。沉迷于幻想是没有益处的，虽说它能在短期内令人愉悦，但会腐蚀我们的努力，一次次把我们绊倒在地。我们会因此变得优柔寡断、麻木不仁，一次次贸然行动又徒劳无功，最终陷入由自我怀疑酝酿的惰性中……不过，如果能够一边在脑中"做梦"，一边立足于现实的话，我们就能抓住人生里最真切、最持久的东西。也许你过得不快乐，苦苦挣扎于某些重大问题；也许你只是想更充分地发掘自己的潜能。不论是哪种情况，本书都能加深你对内心动力的理解，帮助你理清前进的方向。不过，所有这一切都源自一个简单而深奥的问题：是什么妨碍了你实现梦想？

反惰性
Rethinking positive thinking

第一章

惰性：太多的愿望，太少的实际行动

乐观主义日益受到全世界的推崇，并成为塑造人们心态和认知的主流模式。在乐观主义理论看来，"正面"永远都是"有百利而无一害"，"反面"则"一无是处"，特别是在人们追逐自己的愿望时，只关注"正面"将会提升人们的内在能量，激发更强的行动力。然而，厄廷根教授发现，忽视"反面"，有时不仅无益于人们实现愿望，反而还会强化人们的惰性。人们的愿望有的诞生于自己的过往经历，有实际经验作支撑，还有一些则纯属于期许和渴望。对于前一种愿望而言，对于结果的乐观幻想确实具有积极的意义。然而，对于后一种愿望而言，乐观幻想会扭曲人们的认知，从而把人们裹在只能看到一面的"球"里。

　　我有一个朋友，姑且称他"本"吧。今年 40 来岁的他回忆说，在 20 世纪 80 年代末上大学的时候，他曾暗恋过一位女同学。他跟朋友在学校餐厅里吃饭时，曾经好几次见到过这位女生。不论是早晨起床后，还是上课听讲时，他总是忍不住浮想联翩，想象自己与那位女生谈恋爱的情景。在他的想象中，那位女生是学艺术的，因此两人结伴到罗马旅游，游览那里的古建筑遗迹，一起瞻仰西斯廷大教堂……在一座四方形的院子里，本躺在阳光中看书，那位女生则在一旁给他画素描；或者本在用钢琴弹奏爵士乐，就像他经常在周末出去演出挣外快一样……要是能与一位异性知己共度温馨时刻，那该多好！对于本来说，倘若有这样一个美妙的女友，两个人一起看电影、看日落，一起搭乘公交车去附近城市游玩，那岂不是人生一件乐事？

　　本将这些绮丽幻想当作了自己的秘密，并没有跟朋友们谈过。尽管这些绮丽幻想令他称心如意，但可悲的是，它们只能是幻想，仅此而已。显然，本没有勇气向那位女生表白。他对自己说，那个女生根本不认识他，要是去跟她搭讪，只会自取其辱。除此之外，他学业太忙，也没有时间约会。他想拿到好一点的学习成绩，而且，他并不缺乏周末一起出去玩的朋友。本为什么没能鼓起勇气去行动呢？保持乐观，幻想愿望达成的情形，大家一般都将这种心态当作成功的法门。本当时所处的状态显然与此十分相符，那么，是什么让他在这一点上表现出极强的惰性呢？

抵制负面：浸泡在"鸡汤"中的世界

现在，我们随处可以听到"心想，就能事成"的论调。像《窍门》《心灵鸡汤》这样的畅销书，讲述的就是只要保持乐观心态，好事就会降临到我们的头上，乐观的人"更健康、更有活力、更有成效，在周围人眼里的形象也更高大"。因此，很多人就是这么做的，比如美国著名选秀节目《美国偶像》里的选手们，他们个个面带微笑，自信满满地谈论着自己的才华和对未来的憧憬。再比如著名相亲节目《单身贵族》，很多选手上场前都胸有成竹地表示，自己一定会盖过其他女孩，并最终获胜。显然，这些选手对愿望达成的幻想，以及其乐观心态，也赢得了观众们的好评。

当然，乐观主义的文化潮流不止于此。在广告领域，幸福、乐观的人都被当作成功的楷模；在职场中，大大小小的成功学导师不断向人们抛洒着希望；在经济领域，经济学家们不断记录着"消费者信心指数"，并调查商业领袖们对未来的乐观程度，而这些数据往往左右着金融市场的动荡起伏；在流行音乐领域里，许多歌曲都与梦想和"梦想家拯救世界"有关……从很小的时候开始，并且在此后的每个人生转折点，我们听到的总是"摒弃那些消极的自我暗示""不要陷入消极思维的泥潭里"……曼哈顿一所中学的墙上写着这样一句话："向着月亮去吧，即使不能抵达，也会落在星辰之间。"

　　即使是在穷途末路之时，乐观主义也是大行其道。2008 年，正当美国经济陷入低谷的时候，百事公司开展了一项调查，该调查也是"百事乐观项目"的组成部分。2010 年，94% 的被调查者表示"乐观的心态有助于激发创意，从而对世界产生积极影响"。75% 的被调查者表示他们"在前途渺茫的时候，总是抱着最好的期望"。超过 90% 的被调查者表示，他们相信"乐观心态会产生很大的影响，会推动社会向积极的方向前进"。2013 年时，有些观察家批评说，美国人的乐观心态已经变成了一团死灰，但当年西北互助人寿保险公司的一份调查显示，仍有 73% 的被调查者认为，应该庆幸"还有半杯子水"①；79% 的人表示，对于自己的未来充满期待。同样是在2013 年，盖洛普民意测验中心的一项调查显示，有 69% 的人对个人的前景持"乐观"态度。对乐观心态的崇拜其实由来已久，并非美国人的"专利"。在全世界的文学作品里，乐观都是主旋律，正如马

---

　　①　一种衡量乐观主义和悲观主义的视角，同样的半杯子水，乐观主义者看到的是水，而悲观主义者看到的是空了一半的杯子。——译者注

可·奥勒留[①]所说："关注生活的美好。"塞缪尔·约翰逊[②]曾说："养成凡事往好处看的习惯，比一年赚 1000 英镑还有价值。"苏斯博士[③]则说："当大任降临，别担心，别焦躁。顺着走下去，你将开始踏上光明大道。"

　　然而，古往今来，似乎美国人更喜欢用乐观的心态看待前景。艾森豪威尔总统就说过："悲观是打不赢仗的。"卓别林同样倾向于保持乐观心态，他说："低着头永远看不到彩虹。"乐观的信念源自一个简单的共识：着眼于美好的未来，我们就能全力以赴、坚持到底。要着眼于未来，积极的心态就是必需的。显然，除此之外还能怎样呢？难不成只想着自己多么悲惨、多么不幸？这种想法有什么用？因此，我们就在网络上、T 恤衫上随处可见"心想事成"的箴言。正因为乐观主义如此强势，所以，有时候在组织、单位里哪怕发表一点点消极的观点都是很有风险的。如果你在工作场合充当了"现实主义者"的角色，那么别人就会视你为"衰神"或"扫把星"。

　　影视制片人往往不敢用悲剧作为主题，不敢给作品加上很消极的结尾，因为"阴暗"的作品很难吸引观众。连娱乐界都如此了，试想一下，哪位政治家还有胆子质疑美国的美好前景，或胆敢与久已流传的乐观态度决裂呢？我出生于德国，在一把年纪时来到了美国，

---

　　① 马可·奥勒留（Marcus Aurelius），罗马帝国最伟大的皇帝之一，于 161 年至 180 年在位。他不但是一位很有智慧的君主，同时也是一个很有成就的思想家，著有《沉思录》。——译者注

　　② 塞缪尔·约翰逊（Samuel Johnson），18 世纪英国作家、批评家。——译者注

　　③ 苏斯博士（Dr. Seuss），20 世纪最卓越的儿童文学家、教育学家。——译者注

当时我立刻被一种情况震惊了：美国人对积极心态的推崇程度远高于欧洲人。在德国，要是你问某个人最近过得怎么样，对方往往会实话实说，如"我昨天晚上睡得不好""我家的小狗生病了，我心里很烦"。然而，在美国，我发现大家常常都会回答"挺好的"，即便他们真有烦心事也会如此回答。我还发现，若是有人违反了乐观主义的潜规则，周围的人就会很反感。1986年，当我在宾夕法尼亚大学攻读博士后时，一位教授就跟我说，她曾在一次教职员会议上提到了自己生活的艰辛，而她的同事们立刻就表达了不满，责怪她在工作场合表现得太"消极"。他们的意思是，她不应该把自己的烦心事表露出来，这样会影响到别人。

副作用：被乐观幻想消解的行动力

虽然这种广泛传播的乐观主义对我而言有些陌生，但我还是对其心存感激，且并不认为它是一种社会弊端。我觉得，人们把烦恼留给自己，而不是让自己的负面情绪感染别人，这种做法是很体贴的：人们珍视自己的好心情，也愿意尊重别人的好心情。可是，20世纪80年代中期，在细致研究乐观主义时，我发现了一些更微妙的东西。研究开始之初，在民主德国的所见所闻给了我很多启迪。我观察了不同文化里的抑郁者，并比较了他们对前景的悲观心态。在那次研究调查中，我深入东柏林和西柏林的酒吧，观察、探索男性泡吧者的抑郁行为。

那时，联邦德国及其他国家地区的人很想知道，民主德国是否在人民的幸福和安全感方面占有更大优势。可是，我在民主德国的酒吧里所看到的消沉迹象——比如垂头丧气、面带忧愁等，要比在联邦德国的酒吧里看到的多。有趣的是，在跟人们交流时，我发现，民主德国的人民在即将开始新一天的生活时，往往依赖盲目的乐观幻想来憧憬未来。

有一次，一位画家向我表达了自己被"困"在东柏林的苦恼。他没有画布、颜料及其他追逐艺术梦想所需的基本材料，并且在思想层面，当局明显不认同他对艺术的追求。尽管如此，这位继承了胡安·米罗（Joan Miro）和保罗·克利（Paul Klee）绘画风格、作品精致细腻的画家，却告诉我他要到其他国家继续自己的艺术事业。"总有一天，我要去巴黎。"他面带微笑，轻声说道。说完就转头看着窗外，叹了口气。就是这个令人心酸的时刻，清楚地说明了乐观幻想在人身上的不死不灭。

这样的谈话加深了我对乐观主义的了解。"积极心理学运动"[①]的发起人亦是我在费城宾夕法尼亚大学的指导老师马丁·塞利格曼（Martin E. P. Seligman）认为，乐观主义是人基于以往的成功经历，而表现出的对未来的信念和期待。塞利格曼研究发现，如果我们对

---

① 20世纪末西方心理学界兴起的研究思潮。其创始人是美国著名心理学家马丁·塞利格曼、肯农·谢尔顿（Kennon M. Sheldon）和劳拉·金（Laura King）。积极心理学主张研究人类积极的品质，充分挖掘人固有的潜在建设性的力量，促进个人和社会的发展，使人类走向幸福。——译者注

过往的情况很了解，并推断未来将会继续沿袭这种状况，那么这时，我们就会变得非常乐观。比如说，在某赛季前 3 个月的比赛中，一名棒球手的击球率是 30%，并且有过 20 次全垒打，那么，任何一位想赢球的球队经理，都会在那个赛季剩下的比赛中选他当第四位击球手，而不是选另一位击球率 20%，只有 3 次全垒打的球员。显然，基于以往经历，球队经理认为前一位球员能带来更多的得分，换句话说，这位球员有着"积极的胜利预期"。

我在东柏林所遇到的人中，尽管他们知道自己对未来的憧憬很可能不会实现，但他们仍然满怀希望。我的那位画家朋友从未去过巴黎，而且过往经历中也没有任何特殊原因促使他产生这种想法。事实上，如果从过往经历来判断的话，他这辈子都不可能离开民主德国。然而，他仍然不断幻想着自己追逐艺术梦想的场景：每时每刻都能画画，灵感如泉水涌现，随时可以去瞻仰卢浮宫……他的这些想法完全是建立在乐观幻想基础之上。在理智上，他其实很清楚自己过去的经历，也明白自己面对的残酷现实，因此他的这些愿望最终只是一些虚无缥缈的白日梦而已。

乍看之下，塞利格曼的观点似乎是正确的，却并未抓住乐观主义现象的实质。因为他的理论占据了主流，所以此领域的很多学者都明显出现了一个"盲点"。经验主义或量化导向使得心理学家极少去研究乐观幻想。受人类行为学研究的影响，他们的研究重心往往是，人基于理智和经验所做出的对未来的判断。预期或期望值是很容易测量和研究的，但"梦想"是模糊、无形的，很难对其进行客观分析。弗洛伊德曾提供过很多关于梦想的论述，而他也因这些未经经验证实的观点而闻名。

　　我认为积极的幻想是人的经历的重要组成部分，因此我很想探索它们在更深层次中的运作方式及对人的影响。为了寻找启迪，我追溯到了现代心理学的源头，尤其是对 19 世纪末的思想家威廉·詹姆斯（William James）[①] 进行了研究。在其《心理学原理》（*The Principles of Psychology*）第二卷的一章中，詹姆斯如此说道："每个人都知道，想象某个事物，与相信其存在，这二者之间是有区别的；假设某个命题，与承认其正确性之间也是有区别的。"在这里，詹姆斯所说的是人们对"过去"与"现在"的看法，但其观点似乎对"将来"也是通用的。由此我认为，关于乐观主义，其实有两个不同的研究方向：一是以过去经历为基础的乐观期望，二是以愿望和欲望为基础的、无拘无束的幻想。

　　我尤其感兴趣的是，第二种与过去经历相脱节的积极心态，是否会在生活中影响人的意愿和行动能力。阿尔伯特·班杜拉（Albert Bandura）[②]、马丁·塞利格曼等学者曾研究过乐观期望与人的行为表现之间的联系，并证实"期望会强化人的努力程度，并取得实际成效"。他们发现，根据以往经历，如果人对自己取得成功的可能性做出了较为乐观的判断，那么他们就将更加努力地去实现这一愿望。那么，与过去经历相脱离的梦想，是否也能够激发人的行动热情呢？

---

　　① 威廉·詹姆斯（1842—1910），美国心理学之父。美国本土第一位哲学家和心理学家，实用主义的倡导者，美国机能主义心理学派创始人之一，也是美国最早的实验心理学家之一。——译者注

　　② 阿尔伯特·班杜拉是美国当代著名心理学家，新行为主义的主要代表人物之一，社会学习理论的创始人，认知理论之父。——译者注

　　我认为这很有可能。刻意区分"梦想"与"期望"对人的实际影响，显然是毫无道理的；任何形式的积极心态似乎都必定对人是有帮助的。为深入探究这一论点，我进行了一项减肥实验。首先，我召集了 25 名有肥胖烦恼的女性志愿者，并在实验开始前，询问了她们的减肥目标，她们认为减肥成功的可能性有多少。接着，我让每位志愿者完成了几道情景描述题：有些是让她们想象自己成功完成了减肥实验的情景；有些是想象自己受到外界诱惑、进而影响到减肥效果的情景。

　　"在刚刚完成减肥实验后，你恰巧要跟一位一年未见的老朋友见面。你正等着朋友到来，这时你想的是……"在另一个实验情景里，志愿者需要想象自己面前有一盘甜甜圈，并描述她们当时有什么想法和感觉，以及接下来会怎么做。我让志愿者评估了一下，在这些场景中，她们的表现是非常卓越，还是一塌糊涂。我只是以此来衡量她们是否想要达到理想的减肥效果，是否认为减肥过程是轻而易举的。无论其认为自己在上述场景中的表现是消极还是积极的，这都是志愿者自己的主观评估，我所关注的也只是评估本身，而非据此得出我的研究结论。

　　此次实验的结果引起了我的关注。一年过后，那些认为自己能够减肥成功的女士，比那些不太相信自己能成功减肥的女士平均多减掉了 13 千克的体重。不过，真正出人意料的地方是：如果不考虑是否是基于以往经历才做出判断的，那么那些幻想自己与老朋友会面时将变得苗条迷人，在甜甜圈面前毫不动心的志愿者，与幻想自己的表现将很不乐观的志愿者相比，平均少减了 12 千克的体重。很明显，在这里，"心想"并不能促成"事成"，反而阻碍了"梦想"的实现。此次实验中，那些美滋滋地做着白日梦的人并未产生足够的行动力，进而做出有助于减肥的行为。

1991 年，我发表了这个研究结果，然而并未引起心理学界或其他人对乐观主义的细致审视。显然，这主要是因为当时对积极心态的推崇风头正盛。那个时候，几乎每一个人都对"以积极心态看待未来，成功的可能性就会大幅提高"这种观点深信不疑。出于这个原因，有些同事就劝我换个研究项目。他们说："你还是多研究一些成形的观点吧，研究'梦想'风险太大了，它会把你引到'伪科学'的圈子里，还会背上'炒作'的骂名。要想让大家严肃看待你的研究，还是研究一下乐观的期望值吧。"不过，我觉得，研究"梦想"是很有意义的，我的研究可能会对人们的生活有所帮助。

我的首篇关于乐观主义的研究论文发表在一家同行评审的刊物上，但第二篇论文却数次被拒。有些同行对我说，我的那篇论文的观点很是荒谬甚至可怕。我很伤心，也有些失望，不过，我想证明自己是对的。

在科研领域，想让科学界接受一个理念，你就必须对其进行多次重复研究，寥寥数次研究所得出的研究结果是不足信的，因为其数据和分析结果会受到特殊情况的影响。因此，我想进行一些严密的、大型的研究，从而说服我的同行及外界人士。我知道，自己不能依仗前人的研究结果，只能勇挑重担，像垒砖一样一个研究接着一个研究地做下去，直到使得整个研究发现能站稳脚跟。

于是我就开始干了。我用了 20 年时间，对德国和美国不同年龄、不同背景的人进行了观察。同时，为了应对学者们可能出现的异议，我多次调整了研究方法。显然，如果我将所有的可能性都考虑在内，而且得出的结果依然如故，那么我就能够肯定，我提出的是一个有理有据的心理学现象。事实也的确如此。

看到研究结果一个个出来时，我很是惊讶，因为其结论都是一样的：在不考虑既有经验的情况下，乐观的幻想、梦想、希望，并未转化为动力，进而促使人行动起来，反而造成了人们的惰性。

还记得前文提到的"本"吗？他暗恋一位女生，却一直没有从学习中抽出时间向她表白。我对这一现象进行了研究，想看处于这种情况下的人，他们的乐观幻想是否真的妨碍了他们的实际行动。我召集了103位大学生，他们都说自己对某位异性心存好感，却从未与之有过约会。首先，我让他们评估一下与对方建立恋情的概率有多大（即他们基于过去的经历所做出的预期）。然后我让他们完成一系列与约会相关的假设情景。其中一个是这样的："你正在一个聚会上，跟心仪的那个他/她聊着天。这时，你看见一个女生/男生走了进来，而你知道，你心仪的他/她是喜欢这个女生/男生的。接着，这个女生/男生朝你们俩走了过来，这时你心里想的是……"并且，在每一个情景测试题中，我都让被测试者按照从1（非常消极）到7（非常积极）来评估一下其幻想的积极或消极程度。

测试中，有些学生对上述情景提示产生了乐观的幻想，如："我跟他在所有人的注视下——尤其是在刚进来的那个女孩的注视下，离开了聚会。我们俩走到外面，并肩坐在长椅上，周围一个人都没有，他伸出胳膊把我揽在怀里……"其他学生的幻想则较为消极，比如："他和那个女生聊起了天，说的全是我不知道的事。他跟她在一起的时候，似乎比跟我在一起时更自在，而他们也毫不在意把我晾在一边……"

5个月之后，我对被测试的学生进行了回访，调查他们是否与心仪的人在一起了。其结果与参与减肥实验的那些女士是一样的：在对以往经历进行了理性评估之后，他们对恋情的期望值越高，采取行动的动力就越大；而像前文中的"本"一样，他们越是沉湎于对恋情的乐观幻想，其真正开始这段恋情的可能性就越小。建立恋情是一个典型的需要动力和大胆行动的任务，找工作也是如此。乐观地幻想自己在面试中的表现，或是坐在一间绝妙的新办公室里，或是潇洒地向人发放名片等情景，是否有助于求职者找到工作呢？1998年，我在德国某所大学里召集了83名男性毕业生进行了测试调查。他们大多数都在25岁左右。我问了他们两个问题：1.他们觉得自己找到工作的可能性有多大；2.找到工作对他们而言有多么重要。此外，我还让他们设想并写下自己对找到工作这件事的美好幻想，并用从1（极少）到10（极频繁）的数字来表示这些美好幻想在他们脑海中出现的频率。两年之后，我对他们进行了回访。回访的结论是，乐观幻想的频率越高，他们获得的成就就越少；被回访者表示，由于对找到工作的憧憬，他们投出的工作申请比预想中的少了很多，从而导致他们收到的录用通知也少了很多。对他们而言，憧憬成功，反受其害。到此为止，前文中提到的调查——求职者、身在暗恋中的大学生，用的都是被调查者自己反馈的数据。要是他们弄错了怎么办？要是与乐观幻想有关的因素影响了他们的判断力，使得他们高估或低估了自己的成就，怎么办？那就会降低可信度，影响研究结果，导致整个大型调查站不住脚。

于是，我决定用更为客观的方式来研究一下"乐观幻想"这一现象：我想研究一下乐观主义对学习成绩的影响。我联系了117名修了"心理学导论"这门课的大学生，询问他们希望在两天后的期中考试中得到什么样的分数，以及得到这个分数的可能性有多大。这次调查，我用的还是老办法，即让他们完成一个假设情景："考试成绩出来的那天，你走向成绩公告栏，这时你心里想的是……"有位学生续写的情景是很消极的："我要是考砸了怎么办？也许我真该在学习上多下点功夫。我的名字在哪儿呢？该死，我考了一个C……怎么弥补才好呢？"其他学生的反馈则较为积极。此外，我还让学生们评估了其幻想的消极和积极程度。

6个星期过后，我记录下了学生们的期中、期末考试成绩，而不是让他们亲自向我汇报。结果跟我预想的一样：考前他们对成绩的幻想越是乐观，其分数反而越低，而且据他们所说，他们在学习上所下的功夫也会越少。

到现在为止，书中所提到的研究，其调查对象绝大多数是年轻人。我想知道，乐观幻想是否也会妨碍年长的人达成目标。这次我又回到了健康领域。髋关节炎是老年人的多发疾病，患者往往疼痛难忍，需要通过置换手术进行治疗。即使平时四肢灵便的老年人也可能患上这种疾病，随后他们的生活将大受影响，由此陷入深深的绝望之中；而其术后的康复情况也因人而异，其影响因素有：年龄、体重、术前关节状况、术前髋关节灵活程度等。在术后的几周内，患者还得接受理疗^①，并且在家中锻炼。一点一点地，他们必须重新学会各种日常动作：站立、行走、下楼梯、坐在椅子上、骑健身车、从事日常杂务等。要想尽快康复，关键是在术后尽可能地保持身体活动，通过活动来减缓髋关节的张力，同时要避免运动过度。

我很好奇，乐观幻想是否会影响患者在置换手术之后的康复情况，于是就在德国一家医院找到 58 位患者，他们都即将接受首次手术。我针对他们对康复的期望，问了他们一些问题，如他们觉得术后两周就能爬楼梯，拄着手杖走路的可能性有多大，3 个月过后他们的髋部不再疼痛的可能性有多大。患者所给出的回答有两个根据：一是他们基于以往疼痛和行动不便的程度所做出的估计，二是医生基于以往观察的结果对他们的期望。我还要求他们想象一下自己手术后的情景：从病房里醒来，去买报纸，跟朋友散步，在家里做家务……

跟上一次研究一样，被测试者需要用数字来表示其想象的积极和消极程度。手术后两周，被测试者都还没有出院，我对他们的康复情况进行了回访。在经过患者的允许之后，我联系了他们的理疗师，并请他们用从 1 到 5 的数值范围来评价一下患者髋关节的活动程度（关节活动度向来被认为是衡量髋关节置换手术之后患者康复情况的一个经典指标）。我还询问了理疗师，患者能够走上走下的楼梯台阶数，以及与其他患者相比，某位患者的康复情况如何。他们的疼痛程度如何？他们的肌肉力量是怎样的？他们感觉自己的身体

---

① 即物理疗法，利用人工或自然界物理因素作用于人体，使之产生有利的反应，达到预防和治疗疾病目的的方法。——译者注

状况如何？我之所以向理疗师询问这些问题，是因为他们会就患者的康复情况给我一个客观而公正的反馈。这些医疗人士对我的研究及假设毫不知情，他们所测的患者的关节活动度、上下楼梯的能力等，也只是其例行工作内容。

得到理疗师的反馈之后，我就对患者的幻想与其实际康复情况进行了统计学分析，并根据患者的体重、性别、术前关节状况的不同进行了调整。显然，我再次得到相同的结论：乐观幻想似乎拖了他们的后腿，妨碍了其目标的达成。在了解了康复所需步骤的前提下，患者对自己康复所抱的期望值越大，心思越重（根据其理疗师的反馈），他们髋关节的活动程度就越好，能上下的楼梯台阶数就越多，其总体康复情况也越好。与此同时，越是乐观地认为康复是很快、很简单的一件事，其情况就越差。

到了20世纪90年代末，研究结果已经逐渐累积起来了。我研究了患有慢性肠胃疾病、哮喘、癌症的孩子；我研究了德国一些低收入家庭的孩子，他们在高中辍学，转而去了职业学校；我研究了美国一些低收入家庭的女性，她们正参加一项商业技术培训，并期望取得好成绩。在这些研究中，乐观幻想要么是对他们毫无用处，要么就极大地强化了他们的惰性，拖累了他们的行动力。无论从哪方面考虑，传统心理学的观点、自助类文学作品中的观点，都是错误的：积极思维（乐观心态）并非总有裨益。是的，有时候它是有用的，但一旦这种思维变得信马由缰、失去了控制（大多数积极思维都会有这种倾向），那么，从长远来看，它就会妨碍人的进步。这么说的话，人其实是在乐观幻想的同时原地踏步。

惨痛的代价：从企业失败到美国经济危机

20 世纪 90 年代到 21 世纪初的十几年时间里，每次在听我的讲座时，人们都会对我的研究结论大感惊讶，纷纷竖起耳朵，极其怀疑地问道："什么？我一直以为积极思维是有好处的呢。"然而，这些听众并未能充分领悟到这项研究结果的全部价值。保持活力和干劲的能力绝不是一件小事，因为一个人的人生历程取决于他在世界上的实际行为。一旦沉湎于乐观的幻想，这个人的行动能力就会大打折扣。这么做的代价是惨痛的，也是实实在在的。想象一下，如果那些超重的女士在幻想时能够稍微消极一点，从而多减一点体重，那么她们该多么舒心。

2009 年全球经济衰退，过度乐观所要付出的代价终于引起了人们的注意。现在，乐观心态的风险似乎是显而易见而又令人痛心的，至少在社会层面上如此。这时，我又对乐观幻想的集体效应产生了兴趣，于是就跟同事蒂姆尔·斯文瑟（A. Timur Sevincer）运用全新的方法进行了数次研究。我们使用一个计算机程序，对从 2007 年次贷危机开始到 2009 年为止的《今日美国》（*USA Today*）财经版上所有的文章进行了搜索，找到了其中带有某些特定意义的词。一类是表示未来、带有正效价①的词；一类是与过去有关、消极的词。由此，我们就建立了一个"未来的乐观指数"。然后，我们用这个指

---

① 效价是指个人对特定结果的情绪指向，即对特定结果的爱好强度。效价有正负之分。如果个人喜欢其可得的结果，则为正效价；如果个人漠视其结果，则为零值；如果不喜欢其可得的结果，则为负效价。——译者注

数去进行统计分析，看看报纸财经版表现出的乐观心态与道琼斯工业平均指数波动之间是否存在关联？你猜怎么着？我们发现二者之间有着明显的关联：在某一周里，报纸上的报道越是乐观，随后一周及一个月里，道琼斯工业平均指数就会下跌得越厉害。我们想看看这个研究结果是否可以复制，于是就用同样的方法分析了1933—2009年这几年时间里的美国总统就职演说。在研究中，我们尤其探究了就职演说中的乐观言论是否与"长期的经济实绩"有所关联。结果，我们再一次发现了二者之间的清晰联系：某总统的就职演说中对未来越乐观，其任内的美国 GDP 就越低，失业率就越高。

　　要想彻底了解乐观幻想对企业绩效的妨碍程度是很难的，它所造成的经济价值流失有多少也难以测算，因为针对这个问题的研究可谓凤毛麟角。尽管如此，我们依然可以推断出：幻想会令人付出巨额代价。文化人类学家玛格丽特·米德（Margaret Mead）曾有一句名言："毋庸置疑，少数思虑深远又意志坚定的人就能够改变世界；事实上，一直以来都是如此。"尽管如此，随便问一问经理或管理人员，他们都会对此观点心存怀疑。虽然具体数字无法得知，但据估计，每年至少有一半的企业改革胎死腹中。这个论调得到了企业顾问及其他商业专家的广泛认同，而他们认为，造成企业改革失利的罪魁祸首五花八门。在最近一次对企业高管的调查中，他们列举了很多原因，如"缺乏清晰的时间安排和（或）可达成的目标，以此来衡量所取得的进展""管理高层不愿承担责任""缺乏沟通""遭到员工抵制""资金不足"等。创新计划似乎是尤其难以执行的，《赫芬顿邮报》（The Huffington Post）曾发表了一篇日志，列举了多

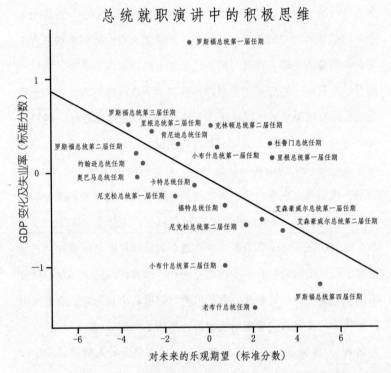

总 统 就 职 演 讲 中 的 积 极 思 维

图 1：某次总统就职演说中对未来的期望越是乐观，其后的任期内国内经济实绩就越差。

达 56 条造成企业改革失利的原因。

再以创业为例。一般认为，有一半多的新生企业撑不过 5 年时间。那么，那些不计其数的、从未真正付诸实施的创意和想法都怎么了？一位资深企业顾问曾说："在我见过的那些人里，有些人觉得改革本身是一件好事。不论是创新理念、新产品、新策略，都是很不错的东西。然而，这些想法有时候看上去太显而易见了，似乎不费吹灰之力就能做成。好像一旦有想法，就成功了一样。"跟在个人生活里一样，在工作上，"幻想"同样抹杀了我们行动力。

　　我们对幻想的经济成本和社会成本尚无清晰把握，但我们知道，如果身为一位政客，想要在经济上取得实绩，那么在你的就职演说中就不要发表太多有关经济态势的乐观言论。如果你是新闻工作者或分析人士，要想经济蓬勃发展，就不要公开表示对经济前景的心满意足。如果你想在自身层面有所进展，如减肥、康复、求职、求偶，在高枕无忧地做白日梦之前最好三思。若想克服惰性、达成目标，不论是个人、大型企业，还是整个社会，乐观幻想都不是明智之举。我并不是说憧憬未来就意味着"注定"失败。我的研究结果所展示的，只是统计学层面的成功或失败的可能性——亦即取得进展和原地踏步的可能性。尽管如此，这种可能性也是不可小觑的。根据20年来我在不同背景下、使用不同研究方法所做的多项重复研究，如果大家沉湎于达成目标的美梦之中，想当然地以为自己的一只脚已经迈进成功的门槛，那是很不明智的。因为，人生不是这样"运转"的。

反惰性
Rethinking positive thinking

第二章

幻想：愿望越清晰，行为动机越强

幻想是人类的天性，诞生于人们的生存需求。它本身是中性的，人们可以用它来幻想乐观的结局，也可以用来幻想出现各种危机的情况。面对异常煎熬的情况，乐观幻想可以帮助人们转移注意力，从而使每个人变得坚忍；面对严酷的环境，乐观幻想可以提升人们的敏感性，从而发现更多生存的机会（只是发现而不是依靠行动来创造）。另外，幻想还是一种认知工具，能把愿望投射到现实之中。显然，如果人们能够明晰有关愿望的更多细节，那么就会有更强的动力去追逐愿望。

那么，幻想是否就是毫无益处的呢？人们是不是应该戒除乐观幻想，对沉湎于美梦的行为感到羞愧呢？

从弗洛伊德开始，很多心理学家对以上问题都给出了肯定的答案。弗洛伊德认为，乐观幻想会在短时间内令人感到愉悦，但长此以往，人的个性发展就会受到阻碍，并且会产生焦虑情绪及其他神经质行为。他还认为，人的幻想或"白日梦"是对消极现实的弥补，在此过程中，人会做出有违道德或非理性的行为。因此，要解决这个问题就要戒除乐观幻想。20 世纪中期，新弗洛伊德学派和人本主义心理学派的学者继承了这一观点，认为只有将思想与现实相结合，摒弃幻想，才是"健康的心态"，才能实现自我。英国社会心理学家玛丽·雅霍达（Marie Jahoda）是这样说的："这种对现实的认知才是健康的心态，其脑中所想与现实是一致的。"特别是，人要认同自己身上那些自己都不喜欢的特质。美国著名的人本主义心理学家亚伯拉罕·马斯洛（Abraham Maslow）宣称："心理健康的人觉得可以接受自我及本性，而不会感到懊恼或委屈。"这种说法暗含对美梦和憧憬的批判。

这种观点至今仍然存在，并且不限于学术领域。2009 年全球经济衰退以来，评论家对理想化和乐观幻想的观点横眉冷对，因为它们没有站在"现实"的地面上。2009 年芭芭拉·艾伦瑞克（Barbara Ehrenreich）在其《失控的正向思考》（*Bright-Sided: How the Relentless Promotion of Positive Thinking Has Undermined America*）一书中就对乐观幻想进行了严厉批判，她将其称作"某种蛊惑"。艾伦瑞克倡导"大家应该擦亮双眼，看到事物的'本来面目'，或者不要在情绪和幻想中加入任何色彩。"我们要将喜怒哀乐的干扰挡在身外，眼里只有客观现实——连自己不喜欢的那些现实也要看在眼里。"现实主义，甚至是防御性悲观主义 ① 都是生存的先决条件，不仅对人是这样，对所有动物也是这样。随便观察一下某种野生动物，大家也会被其警惕性所震撼。"可是，野生动物是一回事，大学生就是另一回事。23 岁的瑞琪儿刚从大学毕业，现在居住在美国新英格兰地区的一座城市里。4 年前，她还在上大学的时候，就有过一次痛心的经历：她的男朋友蒂姆因贩卖毒品而被捕入狱。蒂姆可不是一般的男朋友，他是瑞琪儿的真爱（或看起来是这样）。她曾在一篇未发表的随笔里写道："我们相爱，因为别的毫无意义；我们相爱，因为我们离不开彼此。"蒂姆被捕的消息很是令人震惊，因为他此前从未惹过什么麻烦。他不是毒贩子，也没加入黑社会，他跟瑞琪儿是在一家五金店里打工时认识的，他工作勤奋，表现比她要好很多。瑞琪儿回忆说："要是不忙忙碌碌，他就觉得自己很没用。他总是在

---

① 防御性悲观主义是一种预测消极后果并采取相应防范措施的心理策略。——译者注

工作。"

　　不幸的是，经济衰退对蒂姆一家的打击太大，他不得不想法子挣钱，甚至得自己打工攒学费。可是，不管他花多少时间去做兼职工作，挣来的钱都不够用，于是他就与毒品扯上了关系。

　　瑞琪儿说："蒂姆可以有很多身份——工人、爱人、斗士、儿子、员工、男朋友、铁哥们儿，但我怎么也无法把他跟'毒贩子'这三个字联系起来。可是他真那么做了。"蒂姆学着镇上其他几个年轻人的样子卖了两三个月的大麻，瑞琪儿发现后就劝他罢手，他则说她不了解穷困潦倒是什么样子。他说得对，瑞琪儿的家庭很富裕，但她说毒品是不好的，不能碰。可她的话蒂姆听不进去，于是她只能让步，祈求上苍保佑蒂姆尽快挣到所需的钱，趁着还没惹上麻烦，赶快金盆洗手。她并不认同他的行为，但她理解他的难处，而且她对他的爱并未消减。

　　蒂姆挣够了钱，随后真的洗手不干了。可是，几个月之后，毫无征兆地，警察突然找上门来把他逮捕了，这时他19岁生日刚刚过去3天。原来，在最后一次做毒品交易的时候，他向警察眼线出售毒品的情景被警察拍了下来。尽管他是初犯，但法官还是判处他6个月监禁，缓期3年执行。

　　瑞琪儿仍然爱着蒂姆，她觉得自己要责无旁贷地站在蒂姆这一边。她因要陪他出庭而惊恐不已，她害怕丢人，害怕看到蒂姆的家人伤心的样子，但不去也不是个办法。在一封电子邮件中，我问她是如何度过审判之前那些焦虑而压抑的日子的，结果发现，乐观幻想在其中起到了很大作用。"我想象着法官或者公诉人说了一些有关蒂姆的坏话，接着我就站起身来大声说道：'嘿！你们根本就不了解他这个人！他心地善良，只是犯了个小错而已啊！'接着，蒂姆的妈妈也站起来，跟大家讲述蒂姆小时候的事；他的朋友们也站了起来，讲述他少年时候的事……我们这些人一起组成了声势浩大的辩护团队，法官也被我们对蒂姆的爱和同情心震住了，他宣布蒂姆无罪释放，还谴责了那些警察。"

所有人都有过束手无策，只能听天由命的经历。有些时候，就像瑞琪儿所经历的那样，这些事情只是令人不安，但有些时候却事关生死。不管是哪种情况，当事情的关键不是坚决主动地采取行动，而是咬牙坚持、被动地听天由命，那么乐观幻想是很有帮助的，甚至是必不可少的。除此之外，乐观的幻想还能以其他方式予人帮助：它们能给人带来短暂的愉悦感，还能让人在想象中探索未来可以采取的行动。乐观幻想是生活中一个重要的、有益的组成部分，但其益处与大家普遍认为的大不相同。那么，它们的益处到底在哪里呢？乐观幻想不是无所不能的，但也并非一无是处，它们的益处，要因情况而定。

集中营中的菜谱：人们因幻想变得坚忍

读到这里大家可以停下来想一想，其实，很多对生活失去控制的人会幻想出一种理想化的结果，并以此来艰难度日的。他们的这些不受拘束的幻想，也许夸大其词，也许不切实际，却能让他们将生活维持下去。前文提到的那位民主德国的画家朋友，他幻想着自己能够去巴黎游览，借此来阐述自己对绘画的想法和情感。受到丈夫虐待的妻子们，靠着幻想一天天熬下去，甚至相信自己的丈夫有一天会变好。我认识一个牧师，他有一个 30 岁的四肢瘫痪的儿子，他常常幻想新的医疗技术能让他儿子重新站立行走。

在著名的演讲《我有一个梦想》中，马丁·路德·金说："黑人依然悲惨地蹒跚于种族隔离和种族歧视的枷锁之下……黑人依然在美国社会中间向隅而泣，依然感到自己在国土家园中流离漂泊。"但他奉劝同胞们"不要在绝望的深谷里面沉沦"。他满怀信心地说，他有一个梦想，在演讲结束时，他详细叙述了该梦想的内容："终有一天，自由之声将会响起。那时上帝所有的孩子们，不论是黑人还是白人，犹太人还是非犹太人，新教徒还是天主教徒，都将手拉着手高唱一首古老的黑人圣歌的歌词：'终于自由了！终于自由了！感谢万能的上帝，我们终于自由了！'"

关于乐观幻想如何令人变得坚忍，历史上还有一个著名的例子。在纳粹集中营里，饥饿司空见惯，被关押者因饥饿而死的情况也是非常普遍。一位幸存者如此回忆道："在比尔克瑙，我们是用饥饿来计算时间的……上午，饥饿；下午，饥饿；晚上，饥饿。"为了对抗饥饿，一些被关押者就想出了一个令人难以置信的方法：收集各种食谱。这件事首创于一个名叫"泰瑞辛"（Terezin）的集中营，那里的被关押者手缝了一本食谱，里面记录了各种各样的美食：巧克力蛋糕、蛋白杏仁饼干、水饺、土豆沙拉……美国大屠杀研究所

（United States Holocaust Research Institute）的主任迈克尔·贝伦鲍姆（Michael Berenbaum）认为，回忆以前的食谱是"一种心智的磨炼，需要被关押者忍住眼前的饥饿，回想灾难之前正常的世界，也许还可以大胆幻想一下浩劫过后的世界"。其他人则重点强调了，在"收集食谱、为食材的配比问题相互争论"这些行为中，幻想所起到的作用。正如一位幸存者所说的那样："编写食谱是一个梦想，我认为，在某种程度上，这么做给了大家活下去的力量。"

在缺乏行动时，梦想能给人多少帮助？首先，我们要考虑一下乐观幻想来自何处。刚开始研究乐观幻想的时候，我怀疑它产生于生理或心理需求。为了验证这一假设，我跟同事希瑟·巴里·卡普斯（Heather Barry Kappes）召集了 70 名在校大学生，让他们在研究开始之前的 4 个小时里不吃不喝。在他们到达实验室之后，首先回答了一些问题，用于评估他们的干渴程度。然后，我们给了他们一些食物，其中包括又干又咸的饼干。这些饼干是我们故意安排好的，因为它们会导致干渴。随后，我们给其中一部分学生水，让他们解渴。然后，我们让所有学生幻想一下如下情景中将发生的事情："你身处在一家餐馆里，侍者为你端来一杯凉白开水，你端起杯子把水喝光了……"我们还让他们幻想一下在另一个场景中会出现的情况——有个朋友问他们加入健身俱乐部是否是好主意，以此引出他们与干渴无关的幻想。测试完毕后，我们让学生们用数字量表评估一下他们所幻想内容的积极和消极程度分别有多少；此外，我们还让一位独立的评判人做了同样的评估。

按照我们的假设，干渴的学生应该比不渴的学生在"幻想喝水"

时更积极一些。事实果然如此。干渴引发了人对满足这一需求的想象。

在马斯洛这样的理论学家看来，与较高层次的需求（如安全感、归属感、自尊心、实现自我等）相比，干渴是人的"基本生理需求"。近年以来，研究人员又陆续发现了其他几种高层次的需求，如胜任感、自主、与他人互动等。因此，我很好奇，人在面临不同的、较高层次的需求时，是否也会产生乐观幻想来迎合这些需求。

"人生要有意义或目的"，这是一个公认的较高层次的需求。那么，要是不用每天早起上班，大家会有多么高兴或满足？在德国某大城市的数个政府机关的等候室里，我和希瑟·巴里·卡普斯调查了85个人。首先，我们让他们仔细阅读了一段话，其标题是《人生意义来自何处》。这段话的大概内容是，工作造就了人，并使我们的人生产生了意义。不过，我们给人们散发的这些材料的措辞稍有不同。半数被测试者（皆是随机选取）读到的内容旨在激发读者的人生目标，而另一半被测试者读到的内容只是含蓄地指出人们主导着自己生活的意义。

接下来，跟以前的研究一样，我们让被测试者完成不同的情景描述，以此来激发他们的幻想。其中有个情景是这样的："你申请了某家公司的某个职位，现在，你正坐在接待室里准备面试。这时，考官走了进来，与你握手，把你带到办公室里开始面试……"我们还让被测试者评价一下所幻想的内容的积极或消极程度。有些被测试者给出的是非常乐观的幻想，如："我为这次面试鼓足了劲儿，跃跃欲试。因为有机会得到自己喜欢的工作，所以我才准备得这么充分，而且，我一点都不紧张。"另一些被测试者幻想的内容就消极多了，如："我告诫自己千万不要犯错。我必须好好表现才行，脸上要一直带着笑容，举止要自然。咖啡——要还是不要？该死，我的求职材料全乱套了！"

果然不出所料，那些被我们的短文唤起了人生意义需求的志愿者，对面试场景的幻想更积极一些。后来，我们又进行了两次调查来验证这一研究结果，其中一个是激发人的关联感（社会需求的一种），另一个是激发人在能影响他人行为或情感时的感觉（另一种社会需求）。在这两项研究中，需求被唤醒的志愿者在幻想此种需求得到满足时，其乐观程度都更高一些。因此，我们的研究论文的结论是：需求是"一种变量，它影响着人们应对乐观未来时的心理状态"。

如果需求可以由乐观幻想来填补，那么乐观幻想同样有益于我们满足底层的需求。当幻想某些需求得到满足时，我们就会对这些需求投入更多注意力，并且会更加关注能够满足需求的促进因素。正如威廉·詹姆斯所说的那样："注意力决定行动。"困在沙漠之中、幻想着喝水的旅人能找到水源的可能性更大一些，因为他会对身边与水源有关的线索非常敏感。同样地，前文提到的那位牧师，由于始终保持着儿子能够站起来的幻想，所以他在看电视新闻或浏览网页时就会更加关注医学方面的革新信息。

这里需要指出一点：幻想也许有益于我们满足某些需求，但在必须付出精力、做出努力、做出承诺才能满足的需求面前，幻想就无能为力了。根据我做过的其他研究的结论，乐观幻想会妨碍我们处理困难的问题，却有助于完成简单的问题。比如说，如果沙漠中的旅人要做的只是停下脚步，弯腰从眼前的水塘里喝水，那么乐观的幻想对他的情况是有帮助的，因为幻想可以促使他在寻找水源时警醒一些，注意到水塘的存在。然而，如果一个人缺乏人生的目标，却幻想着能在某部电影中扮演主角，跟安吉丽娜·朱莉（Angelina Jolie）演对手戏（要做成这种事，往往需要数月甚至数年的努力和试镜经历），那么沉迷于乐观幻想很可能会妨碍他实现梦想。

　　幻想能够帮助我们实现梦想的另一个原因在于，它可以将我们的注意力从等待的琐碎无趣中转移开来。如此一来，我们就不会陷入绝望，而是憧憬着自己最希望的事情发生。比如前文中提到的瑞琪儿，她在等待男朋友宣判的日子里简直度日如年，但是，她幻想着法官会因为男友家人和朋友的恳求而改判，这种幻想一直支撑着她，使她能咬牙坚持住。她回忆说："我从不知道自己竟然会那么有耐心。"在治疗"创伤后应激障碍"（post-traumatic stress disorder）[1]时，治疗师往往会让患者想象自己身处一个安全的地方。那个地方令人愉悦、给人抚慰，能够调动人的全部 5 种感官。依靠这种想象，患者可以熬过数月甚至数年的艰难时期，处理和治愈其内心深处的创伤。

　　以上提到的例子都是一些比较特殊的情况，但乐观幻想同样可以在日常生活中帮助我们从烦琐事务中转移注意力。盖洛普民意测

---

　　[1]　创伤后应激障碍是指个体经历、目睹或遭遇到一个或多个涉及自身或他人的实际死亡，或受到死亡的威胁，或严重的受伤，或躯体完整性受到威胁后，所导致的个体延迟出现和持续存在的精神障碍。——译者注

验中心发布的《2013 年美国职场状态》（*2013 State of the American Workplace*） 调查报告中指出，70% 的美国员工"并未全身心地投入工作"，或"心思游离于工作之外"。那么，他们在从事冗长、无趣、不称心的工作时，是怎么度过每一天的？杰罗姆·辛格（Jerome Singer） 是研究"员工在工作中开小差时会做些什么"的先驱，他发现，在工作任务没有挑战性、令其感到无聊的时候，积极的幻想和白日梦就会"闪亮登场"，帮助员工愉快地打发时间。与之类似，埃里克·克林格（Eric Klinger） 提出了"当务"这个说法，指的是未达成的目标或未实现的愿望。他说，我们在日常生活中处理事务的时候，这些"当务"会引发我们的随机想象。有时候，这些幻想会帮助我们忍受种种无聊，而且不会带来负面影响；不过，有些时候，它们确实会影响我们手头的事务，干扰我们的行为表现。

　　下面，请大家练习一下，将本章所介绍的研究发现应用到自己的生活中：首先，想象一些处于你控制之外的事情；然后，想象一种需求，它尚未得到满足，并且你没有能力实现这种满足。比如说，你是一名法学专业的学生，正等着司法考试的成绩；或者你是一名患者，正焦急地等待着检查结果；或者你要买房子，正在等贷款申请获得批准的消息……找个地方坐下来，幻想一下你渴望的结局。任你的思绪展开，不要有任何拘束。想象一下，在通过了司法考试或接到身体健康的体检结果时，你如释重负的情景。想象一下，在得知这些好消息之后，你的女朋友热情地拥抱着你，晚饭时大家一起庆祝；想象一下，你的父母在你的新房子里参观时脸上骄傲的笑容……你的感觉是否好多了？时间是否过得快了一些？在以上情形下，哪怕你的梦想并未实现，幻想也是一种短期内很有用的工具。

有很多人问过我，乐观幻想是否会对癌症患者有所帮助。在早期的研究中，我并未发现乐观幻想和癌症患者的病情好转之间存在清晰的联系。不过大家可以这样想一下：很多癌症——即使是前景不太乐观的癌症——都是存在有效治疗手段的。只要不是已经到了晚期、开始使用姑息疗法[①]的地步，就总有治疗的余地。在传统治疗方式束手无策的时候，癌症患者常常会尝试一些替代疗法，哪怕是很严重的癌症，也有少数患者能够活下来的。为了得到最好的结果，癌症患者绝不可以听天由命，他们得行动起来，照顾自己，寻求治疗。只是乐观地幻想痊愈是不够的，因为它们可能会妨碍患者采取有效的行动。

情绪"创可贴"：幻想能带来短期愉悦

除此之外，至少还有一个原因表明，乐观幻想是有价值的。为了帮助大家理解，大家可以先思考一下当今美国年轻人中普遍存在的一个问题：2013 年的一次调查显示，在过去 12 个月时间里，在被调查的 12300 名美国大学生中，有 59.6% 的人觉得"很不开心"，31.3% 的人觉得"很消沉，心灰意懒"，45% 的人觉得自己"毫无希

---

① 姑息疗法是对所患疾病已经治疗无效的患者进行积极全面的医疗照顾，预防和缓解其身心痛苦，从而改善病人和亲属的生活质量。——译者注

望"。很大一部分被调查的大学生（83.7%）觉得"被所有要干的事情压得喘不过气来"，79.1%的人觉得"心累"。

我跟同事多丽丝·马耶尔（Doris Mayer）决定研究一下，看看乐观幻想能否帮助年轻人减缓消沉情绪。我们在美国一所大学召集了88名大学生，让他们完成一个调查问卷，问卷的内容是引导他们想象12种情景。他们需要对每一个情景展开幻想，然后把幻想的内容写下来。其中一个情景描述是这样的："你手上有一个重要的项目，你知道自己在特定的时限之内是完不成了，于是你就请求客户放宽时限。你知道他很可能会同意你的申请。今天，客户将告诉你他的决定。你正在办公室里等着他的电话……"同时，我们还让被测试者完成了另一份调查问卷，这份调查问卷已被证实可以准确测量一个人的消沉程度。

4个星期之后，我们对那些学生进行了回访，用同一份调查问卷再次测量了他们的消沉程度。我们发现，先前幻想得越乐观的学生，其消沉程度越严重。此外我们还发现，幻想的频率越高，在幻想期间，被测试者的消沉情绪就越少。因此可以说，乐观的幻想在短期内会缓解消沉情绪，但时间长了，反而会加重消沉的程度。也就是说，幻想所产生的短暂愉悦感消失后，人的消沉情绪不降反增。看起来，乐观幻想能使人暂时平复消沉情绪，因此它很像是一种应对机制，能帮助人应对极端的痛苦。

众所周知，随着时间的推移，拒绝承认问题的存在等心理活动和用酒精、毒品麻醉自己等应对行为，反而会增加人的消沉情绪，亦即所谓的"借酒消愁愁更愁"。人一旦沉湎于乐观幻想，就不会真正行动起来，从而解决痛苦的根源；长此以往，他们的情绪反受其害。尽管如此，能暂时缓解消沉也是很有价值的，因此在碰到急需安慰的患者时，很多治疗师都将其视作应急的"创可贴"。

除了应对消沉之外，我们发现，乐观幻想在我们的日常生活中简直无所不在，很多人都对其持欢迎态度。历史学家和社会理论学家在很久之前就已经指出，在现代的消费文化中，很多产品和服务就是靠激发消费者的幻想而销售出去的。比如说，宝马、奔驰、雷克萨斯等豪华轿车品牌就给人灌输了一种幻想，只要坐到其轿车里，消费者立刻就会跻身于品位高、声望好、有权势的世界。几十年来，厨具和清洁用品的生产商也是用幻想来吸引忙碌的家庭妇女的——只要使用了其产品，她们立刻就会化身为贤妻良母。与之类似，视频游戏提供给玩家的，是一种转瞬即逝的愉悦幻想——在玩游戏时，他们就是赛车手、特工、职业足球运动员……科罗娜啤酒给（Corona）工作了一天、疲惫不堪的消费者铺开一个幻想，"一次酒瓶中的度假"——只要打开瓶盖，喝一口科罗娜啤酒，他们立刻就会躺在日光下的白色沙滩上，一边用手机上网，一边悠闲地消磨时间。

探索工具：让梦想在现实细节中显影

有些人认为，幻想所带来的转瞬即逝的愉悦感是没什么价值的。

在他们看来，人们已经够乐观的了，需要的是冷静和谨慎。就像芭芭拉·艾伦瑞克所指出的那样，我们似乎过于享受乐观幻想所带来的舒适感，以至于放松了对外部"现实"的把握，丧失了解决紧迫的社会和政治问题的能力。

其实，乐观幻想能够帮助我们变得与现实更为一致。这里所说的"现实"，指的是你真正想要的东西。幻想是一种很重要的方式，你可以借此明确那些属于自己的东西，以及那些深层次、往往是藏在暗处的、与自己能产生共鸣的东西。同样，幻想还是一种有效甚至很关键的方式，你可以借此发现那些并不现实的愿望。

假设你是一个大学生，正准备报考医学院。你的父母都是医生，你的姑姑是助理医师，在你的家族里，从医似乎是顺理成章的事。有一天，你正独自坐在餐厅里吃着双层奶酪汉堡，这时你开始想象自己未来的工作。你想象"自己身穿白大褂，衣服左边别着一个名牌，上面是自己的名字，其前缀是'医学博士'。接着，你站在一位患者床前，摸了摸她的脉搏，看了看她的病例，并回答了她提出的问题。"这时你的汉堡刚吃了一半，但是你已经深陷幻想之中，忘了周围餐厅里的一切。你想象自己值夜班的情景，"你站在白光刺眼的房间里，闻着医院里的气味，往电脑里输入病人的各项数据。"这时你突然意识到，其实你不习惯熬夜，你不喜欢白光刺眼的房间及医院里令人作呕的气味。你再次想象："自己站在患者床前，而她吐了一身脏东西。你想的是……"你突然意识到，在医院工作其实挺讨厌的。谁愿意整天跟病人打交道呢？这时你吃完了汉堡，而你的思绪还在流动。"在医院上班是多么冗长、枯燥啊！为了进入医院，你在医学院里背诵了多少知识啊！在度过一个漫长的夜班之后，你走出闷热的医院。再次呼吸到新鲜空气，让你感到轻松惬意……"显然，在吃完一个汉堡的时间里，很多事情会发生改变。不过，不管你是一下子改变主意，一点一点地经过数月时间才改变主意，还是并未改变主意，对潜在的未来进行生动的幻想都是一个机会。你可以借此在头脑里预先体验一下，自己将要做什么事、将会成为什么样的人，并且探索一下可能的选择，评估一下这些选择对自己是否合适。这种幻想可以为你提供很多有价值的信息，并让你做好准备，从而在未来的日子里做出正确的决定。

幻想是一个很有用的"探索"方式，因为通过在幻想中模拟，你可以预先体验自己的愿望得以实现的情景。这些愿望可能涉及遥远的将来，也可以只与下一个小时或明天有关。比如说，珍妮是一家大型服装生产商的市场部经理，她有时候就喜欢坐在办公室里幻想明天将会达成什么愿望。这一天，她知道自己第二天晚上就要出差，于是她开始想象着自己明天上午的事情，"收拾行李，跟同事打电话，跟 3 位下属开会讨论即将到来的商品展示会"。她向办公室窗外看去，想象着"坐在飞机里，知道手边的工作都已经完成；她喝着冰镇饮料、悠闲地浏览着报纸并安然入睡"。

接着，现实中的珍妮慵懒地点开了一封电子邮件，却突然发现自己忘了一件事。她儿子到这个城市里来了，而他们最近一直没见过面，她真正盼望的是跟儿子好好聚聚。接着，她想象着"跟儿子一起骑自行车到他们最喜欢的那家法国餐馆一起吃早餐。他点了法式果酱长面包，或是他小时候特喜欢吃的巧克力杏仁羊角面包，而她点的是双份意式特浓咖啡。他们娘俩坐在餐桌前，都没说话，友好的侍者把他们的食物端了上来，接着他们就谈起了过去几周时间里彼此的生活"。是的，这才是珍妮真心盼望的。于是她就把愿望改了，同样改了的还有她的日程安排。

仔细回顾一下你的日常生活，你会发现自己在很多情况下都使用了幻想这一"探索工具"。高中生在考虑报考哪所大学的时候，一般都会去校园里"感受一下"身在其中的情况。在参观中，他们去教学楼、图书馆、宿舍楼等地方，心里想的是明年自己身在其中的情形。他们的乐观幻想甚至会延展开来，想象"自己每天早上在宿舍楼里醒来，到附近餐厅里吃早饭，再去爬满了常春藤的教学楼里上课，在图书馆里上下楼时闻着木质楼梯的味道，在校园的草坪上跟朋友一起玩飞盘或聊天……"从学校里参观回来以后，在获得了其他大学的相关信息、准备做决定的时候，他们会想起这些幻想，也许还会加深这些幻想。从一定程度上来说，在报考学校这件事上，幻想为其增添了一些随机性。显然，这名学生可能是在冰冷的雨天参观了校园，可能是在潮湿的阴天里参观了校园，还可能是在炎热的晴天、学生们都在草坪上玩耍时参观了校园，不同的情况所催生的幻想会是截然不同的。人们在制订未来计划时往往是理智的。他们会列出长长的单子，上面记录着想要达成的愿望，有时候还会列举出每个选择的利弊。与理智分析相比，幻想是一个全然不同的方法，但也有其优势。"看着"幻想的情景在头脑中闪过，人的思维也随之而去。在此过程中，人们最终将获得一个全方位的、直觉的理解，知道自己真正想要什么。人们还将意识到，对于他们的作为和他们的存在本身而言，什么是重要的。如此一来，他们不仅能明白"什么是讲得通的"，还能明白"什么是感觉对的"。

一本好书、一部好电影都可以让你的思绪远游，幻想也能做到这一点，你也可以借此"访问"一下自己的未来。谁知道你将会发现什么呢？

大家也可以练习一下。找一个舒适的地方，或站或坐或躺，再想一个对你而言很重要的愿望。闭上眼睛，想象愿望达成时的情景。你是怎么看待愿望达成的？愿望达成时你是什么感觉？你的幻想里还有什么人？尽量多幻想一些与感官有关的情景，将视觉、听觉、嗅觉、味觉、触觉调动起来。如果你的思绪开始向别的愿望偏移，或开始出现与原初的愿望相背离的情景，不要管它，跟着它走，一路"观察"你的幻想，把理智放在一边。

将你幻想的内容写下来。设定一个计时器，随着幻想，边想边记录，不用管语法和逻辑正确不正确。超现实主义者对幻想尤其看重，他们将这种书写称作"信笔由缰"（automatic writing）。或者可以使用智能手机里的录音功能，边想边大声说出你幻想的内容。这样做的话，你就可以重新听一遍头脑里闪过的种种思绪。也许你会发现自己原初的愿望得到了强化，甚至延伸；也许你会发现愿望比原先预想的难度大很多，也比预想的更令人激动。

做完这个练习之后，请大家拿出点时间反思一下。乐观的幻想能够消除当前的担忧和痛苦。幻想源于急迫的需求，能帮助我们在面对无能为力的困境时坚持下来。在并非极端的处境下，乐观的幻想能暂时使我们享受到逃避现实的愉悦，还能让我们在无形中探索更深层的渴望——亦即我们真正想要的是什么，真正属于我们的是什么，我们的归属是什么，由此帮助我们保持清醒。

幻想有很多好处，但也因条件而论。它们无助于减肥、戒烟、找工作，但它们能帮助我们在沙漠中保持希望，在等待法官判决时保持心态平和。显然，最核心的问题是，不要向幻想索取它无法提供的东西。只要能够把握好乐观幻想有什么作用、有什么局限，那么它们就能成为我们的助手，如若不然，它就会成为束缚。抛弃幻想是不对的，同样，盲目地认为只需幻想就能达成心愿也是不对的。

反惰性
Rethinking positive thinking

第三章
催眠：愿望达成了，行动就没必要了

幻想能够帮助人们追逐愿望，然而，过分沉湎于乐观幻想，则会强化人们的惰性，削弱将愿望付诸行动的能力。从一方面而言，对于结果的乐观幻想会形成自我催眠的效果，让人们自以为愿望已经达成，从而彻底松懈。从另一方面而言，乐观幻想引发的认知扭曲会形成球形壁垒，身处球中心的人会不自觉地致力于维持壁垒的完整，以便维持这种令人沉醉的安逸局面。显然，任何行动都必须接触现实，而这很可能会打破这层壁垒，因此，人们会索性放弃行动，从而让这层壁垒维持得更久一些。

那么，为什么乐观幻想不能帮助我们戒烟、塑身、改善人际关系呢？与基于对未来的合理预期的乐观主义相反，幻想为什么会妨碍愿望的实现？在认知、情感甚至生理层面上，乐观幻想会给我们带来什么样的影响呢？

我和希瑟·巴里·卡普斯把目光放在了一件很离谱的东西上面：女士的鞋子。我们打算在这上面寻找问题的答案。很多女士通常都会花大量时间，幻想自己穿上某种鞋子的样子，尤其是美丽光鲜的高跟鞋。为了更好地了解女性对时髦鞋子的幻想，我们召集 164 位女大学生志愿者参加了一次实验。我们将其随机分成两组，并让她们在电脑上完成调查问卷。在 3 分钟时间里，志愿者要幻想穿上自己美丽的高跟鞋的情景，然后将其自发的所想所感记录下来。有位女生如此写道："我脚上穿着自己最喜欢的那双漆皮包头高跟鞋，身上则穿着黑色的连衣裙。我走在大街上，惬意又自信。穿上这双鞋，我显得更高了，更精致，更自信，我的腿显得很长很瘦。"

3 分钟幻想时间结束，我们要求其中一组志愿者继续幻想自己穿上高跟鞋的情景；另一组志愿者则需要阅读下面这段文字："也许高跟鞋并不是十全十美的。它们真的像你想象中的那么好吗？你看起来很漂亮吗？穿上高跟鞋之后，别人是不是都夸奖你了？请思考一些负面的情况并记录下来。"看到这一要求之后，第二组志愿者并未有太多抵触，纷纷写下穿高跟鞋所带来的痛苦。其中有位女生如此写道："我的脚疼死了，因为穿着高跟鞋，所以有一两次差点被绊倒。有些人根本没注意到我的高跟鞋，有些人看到了，却并未赞美它们有多么漂亮。我想脱下鞋子，缓一缓脚上的疼痛，我的右脚已经磨出水泡了。"

在 3 分钟幻想的前后，我们分别对志愿者的收缩压进行了测量[①]。这种对沉浸于白日梦中的人进行测量的手段，很少有人会想到。通过这种方式，我们可以了解志愿者的投入程度和活力大小。人在兴奋的时候，身体会摄入更多氧气和营养物质，人体的心血管系统也会被唤起，输送更多血液以迎合以上需求。我们感兴趣的不仅仅是，检验志愿者关于高跟鞋幻想的真假；我们还想看看，对高跟鞋的幻想是否会影响她们的活力。如果幻想会削弱人的活力，那么就可以帮助解释，前期我们在"幻想"和"行为表现弱化"之间发现的联系。也许，人们减肥效果变差、髋关节置换手术后恢复情况不佳都是幻想在作祟，乐观使得他们松懈下来，使得他们懒得从沙发上站起来去锻炼，或者保持活动以求康复。

结果和我们预料的一样：经过交叉比对，两个小组志愿者的血压起初并无不同，但完成幻想测试之后，继续对穿高跟鞋进行乐观

---

① 血压分为收缩压和舒张压。心脏收缩时，动脉内的压力上升，当动脉内压力最高时血液对血管内壁的压力称为收缩压，亦称高压。——译者注

幻想的那一组志愿者的收缩压降低了。经过乐观幻想，随后又经过负面幻想的那一组志愿者，其血压并无变化。然而，当实验彻底结束时，对穿高跟鞋进行了 6 分钟乐观幻想的人，与测试前相比，其精神松懈了很多。吸一支香烟，会将人的血压提升 5—10 个单位（或按照标准说法，是 5—10 毫米汞柱）；而进行一次乐观幻想，能够降低血压 2.5—5 个单位。

乐观幻想能够帮助我们放松，其效果在测量中表现得很明显，这一点很值得注意。如果你想放松，可以深呼吸，可以做按摩，也可以出去散散步。或者，你可以闭上眼睛，做一会儿白日梦。不过，要是你的目标是实现自己的愿望呢？那就千万不要有丝毫放松。我们早已看到，"心想就能事成"的说法并不正确，现在我们知道其中原因了：乐观的幻想过后，人的活力就降低了，你转而进入了一种欣喜、平静、昏沉的状态。

过期的折价券：惰性是如何形成的

我和希瑟·巴里·卡普斯还做过其他一些研究，其结果表明，乐观幻想尤其不利于处理棘手的、需要协力合作的事情。我们曾让 81 名大学生阅读了 2007 年《纽约时报》上有关塞拉利昂极度缺少止痛药的报道。在美国补牙，因为有奴夫卡因和其他药品的帮助，所以你基本感觉不到什么疼痛；然而，在塞拉利昂，身有伤痛（如三度烧伤）或疾病（如破伤风）的人连最基本的止痛药都没有。我们让一些学生幻想一下，塞拉利昂药品短缺的情况得到好转的情景；另一些学生则只复述文章中药品短缺问题的解决方案，而不加以幻想。然后，我们让两组学生都看了一条消息：Treatment 4 All 都组织正在设法解决塞拉利昂的药品短缺问题，但他们需要大家的捐助。其中一组学生（随机分组）每人要捐 1 美元，而另一组每人要捐 25 美元。

　　与只复述了实际解决方案的对照组的学生相比，那些曾幻想过问题得到解决的学生只愿意捐 1 美元，而不愿捐 25 美元。将该研究结果与前一项研究结果相关联，我们可以推测出：有过乐观幻想的志愿者，缺乏拿出这么多钱的动力（对当今劳累过度、身背助学贷款的大学生来说，25 美元不是小数目）。在另一项研究中，我们把问题里的金钱换成了时间，不再让志愿者捐献 1 美元或 25 美元，而是让他们付出 5 分钟和 60 分钟时间，但得到的结果还是一样。

　　与之类似，我们可以推测出，Groupon 的日常用户是否也受到了乐观幻想的影响。消费者在购买了抵价券之后，就沉湎在以低廉价格获取产品或服务的美梦中了。然而，其实有很大一部分（21.7%）的消费者其实并未使用这些抵价券。也许是因为，在幻想的消耗下，面对不断临近的截止日期，人们已经没有太大动力去购买现实的产品和服务了。

　　在其他情况下，幻想也同样会在不经意间弱化我们的积极性。考虑一下以下几个问题：

在漆黑的电影院里幻想了两个小时的飞车追逐之后，我们是否变得不大会开车了？

在读了一本关于一名高中生轻松考入哈佛大学的书之后，学生们的高考成绩是否下降了？

在演播前已经幻想过自己化身为行业专家的时事评论员，其临场表现是否会差一些？

临近日暮下班，某员工拖着疲惫的身体，幻想着由于自己处理争执的出色技巧，他获得了晋升。若此时他接到客户的投诉电话，其表现是否会有失水准？

像心脏外科医生、核电厂工程师、空中交通指挥员等人士需要在日常工作中处理大量复杂问题，是否应该杜绝他们幻想自己出类拔萃的情景？

如果杜绝了员工沉湎于自我能力的幻想，其雇主是否会从中获益？

假如你正坐在办公室里，处理一项很枯燥的工作。你的大脑开了小差，考虑午饭要吃什么。你想的是，要是能吃一个沙威玛鸡肉三明治简直太好了，"那多汁的烤肉、咔嚓作响的新鲜蔬菜、辣乎乎的异国酱料，还有热乎乎的现烤面包……"想到这里，你的口水都要流下来了。你从椅子上站起身来，跑到电梯跟前，一路下了15楼，走到了门外大街上。刚到门口，你就发现建筑工人因为施工把人行道封了，要去街角那家餐馆，你得绕一个大圈子才行。于是，你预想的美味沙威玛没吃成，最后还是去了办公楼走廊里的餐车跟前，买了一个成品三明治。它用塑料袋包着，面包一点也不新鲜，生菜蔫巴巴的，里面夹的是冷切肉。

那么，你为什么不绕个圈子，去买沙威玛鸡肉三明治呢？现在你明白了：刚才的乐观幻想，不仅使你从枯燥的工作中分了心，还消解了你去买沙威玛的动力。结果就是，你回到办公室里，工作还没做完，更惨的是，刚刚吃了一顿冷的、不可口的午餐。因此，我建议大家，下一次遇到枯燥的工作时，不要再沉湎于乐观幻想了，那样只能让情况变得更糟。或者，至少你要确保自己通过幻想已经找到了真正的愿望。也许你真心渴盼的，是把手里的琐事干完后，去吃一顿美味、悠闲的午饭来犒劳一下自己。

4 美元的马提尼：内心活力水平的比对

前面所做的有关高跟鞋的测试取得了令人欢欣鼓舞的结果，但我们尚未开展研究，看看乐观幻想是否会让人真正松懈，或者更进一步探究一下，乐观的幻想是否会降低人行动的动力。为了研究前一项推测，我和希瑟·巴里·卡普斯召集了 50 名大学生。我们告诉他们，本次研究中有一个环节是作文比赛，奖金为 200 美元；作为前期准备，他们需要完成一道测试题，以帮助他们完成此次写作。这道测试题包括一些常规的幻想情景。我们让其中一组被测试者幻想，他们得到了 200 美元的奖励，一切顺利。与上文提及的 3 分钟时限的幻想测试不同，这次我们不限时间，并让他们记录下其幻想内容。其中有名学生如此写道："得到这 200 美元后，我就不用再过得那么紧巴了；我可以跟朋友们出去玩，多跟他们聚一聚了。最近我的手头很紧，跟朋友们都疏远了。可是现在，我们可以去最喜欢的那家酒吧，尽情地喝 4 美元一杯的马提尼了。"这是货真价实的幻想。

作为对照，我们让第二组志愿者想象另一种情况——他们可能得不到 200 美元的奖励，而且很多事情都不顺。其中一名学生如此写道："200 美元是一大笔钱，我能用这笔钱好好犒劳一下自己。我总在学习，都没时间喘口气、放松一下。我得在星期四下午 1 点或星期五下午 1 点过来拿奖，我做不到。因为我星期四要去打工，星期五要去实习。每次我觉得事情有了起色，我那可恶的日程表就来添乱，这个奖是得不到了。我太需要这个奖了，我要的不是钱，而是伴着好运而来的那种快乐感觉。"大家可以发现，这个反馈很杂乱无章。正如前文中提到的那样，乐观幻想（以及消极幻想）都是无拘无束的，它们会转弯翻滚，还会来回往返。

幻想测试结束之后，我们让志愿者用 1 ~ 5 之间的数字向我们反馈一下他们内心当时的活力水平，1 代表"毫无活力可言"，5 代表"活力十足"。他们需要评估一下自己是否感到"激动"。跟前面的高跟鞋调查一样，与幻想中存在消极因素的志愿者相比，那些幻想中充满乐观情绪的志愿者在实验结束后明显缺乏活力。

问题依然存在：那些被幻想消磨了活力的学生，是否在实际行动中真的会表现欠佳呢？我们把 49 名大学生分为两组，其中一组学生被要求去想象下一周事事顺心的情景，"他们所做的每一件事都事遂人愿"。这一组学生所写的内容包括：考试得了好成绩，看了最喜欢的电视节目，在聚会上玩得很开心，轻松愉悦地乘火车回家过周末等。另一组学生则被要求"想象并写下关于下一周的任何想法和憧憬"，不管是什么想法和憧憬都可以。一位志愿者如此写道："我觉得我的音乐课测试理应很好，还有，我的写作课论文能够完稿。我很激动，因为这是本学期最后一周了，我早就盼着过暑假了。能把本学期的课程学完，真是很有收获。如果下周天气能跟今天一样好，那就太给人鼓舞了；不过天气预报说，下周一可能会降雨，那也是常有的事。"

与上次研究一样，在实验结束时，我们要求志愿者评价一下他们内心的活力水平。我们还要求他们在一周后再来完成一次心理测验，看看他们在应对日常困难时的表现。本次测验包括以下问题，"上周过得怎么样？""上周过得有多么失落？"等。他们还要向我们反馈，在过去一周时间里，他们是否感觉一切皆在掌握之中，是否状态良好。不出所料，与那些幻想中存在消极因素的学生相比，那些幻想中充满乐观情绪的志愿者说，他们在过去一周时间里比较缺乏活力。除此之外，他们越是觉得缺乏活力，在过去一周里所做成的事就越少。乐观幻想降低了他们的活力水平，这反过来又影响了他们的日常表现。这个结果很令人震惊，因为我们只要求学生做了短短几分钟的乐观幻想而已。然而，这已经足够令他们泄气，并影响到其随后一周的表现了。

其实，该研究结果与很多人的日常体验是吻合的。在遇到大麻烦或没完没了的琐事时，人们往往会幻想着做成这些事情后的感觉。在那一刻，幻想的感觉很好，也令人放松——以至于变得过于松懈，不去采取行动。

大家可以亲自试一试：把闹钟设成 5 分钟倒计时，确定一个最近让你牵肠挂肚的重要愿望。想象该愿望达成的情景。感受一下这种满足感，并全心投入到想象的场景中。把你的乐观幻想写下来。5 分钟时间到了，你感觉怎么样？有没有觉得如释重负？觉得身心放松？觉得很兴奋？如果你有血压计的话，在本实验的前后各测一下血压。几天或几周之后再回顾一下自己的情况：你觉得自己行动起来实现愿望的动力怎么样？你是否切实行动起来了？如果是的话，你是怎样行动的？

乐观幻想会降低人的动力，让人处于一种愉悦的松弛状态。从一定层面上来说，我们的研究发现似乎很令人惊讶。那么，那些告诉我们"能够达成梦想"的励志演讲家又算怎么回事？ 2008 年奥巴马参加美国总统选举的时候，其演讲《无畏的希望》(The Audacity of Hope) 不是令美国为之振奋吗？传统观点认为，乐观幻想的作用应该是鼓舞人心，而非压制。然而，根据我们的研究数据，情况常常不是这样。乐观幻想会在短时间内令人欢欣鼓舞，但说实话，它跟我们身体和潜意识里的情况其实背道而驰；通常情况下，我们反而会变得萎靡不振，斗志全无。每次志愿者幻想其愿望达成的情景后，我立刻就能检测到他们的干劲和活力在不断衰减。

受欺骗的大脑：行动力变得多余

既然幻想具有降低积极性、妨碍行动的倾向，那么这就引发了一个问题：我们的意识中究竟发生了什么事，怎么会让人变得懒怠？"现实主义者"往往对乐观幻想持批判态度，将幻想视作享乐主义，甚至是一种罪恶的追求，但他们往往懒得费心去了解幻想的实质。我有一个假设：对未来的憧憬在潜意识层面影响了人的认知——亦即我们是怎样感知周围世界的。在幻想时，我们不仅仅是在想象出来的未来情景中自娱自乐；在幻想的同时，我们的大脑也受到了欺骗，对想象中的情景信以为真。对大脑而言，幻想取代了行动，跟真的一样。这一点大家在前面的实验中也看到了，正是因为我们能在想象中"做"一件事，才使得乐观幻想可以帮助我们对未来进行探索。

我并不是首个对所谓"信假为真"进行探索的人。早在 18 世纪，哲学家大卫·休谟（David Hume）就表达了类似的观点。他认为，幻想出来的知觉跟真的知觉一样，都会唤起人体的反应。20 世纪的心理学家认为，幻想也是行为的一种。随后，休谟的观点得到了实验的证实：在头脑中模拟体育活动也会导致呼吸和心跳的变化，跟真正参加了体育运动一样。

还有一件事是显而易见的：幻想真的能够产生实实在在的效果。最近的心理学研究发现，不断重复幻想享用某种美食的情景，反而会减少真实情况下对此种食物的食用量（如果你正受"巧克力瘾"的困扰，这个方法不妨一试）。我们的研究也得出了相同的结论：很多人都以为乐观幻想会促成愿望的实现，其实不然，它反而会成为阻力。尤其要指出的是，在幻想的同时，我们的大脑会受到迷惑，以为成功已是掌中之物，如此一来，我们就会失去动力和劲头，无法将梦想真正付诸行动。

我跟希瑟·巴里·卡普斯、安德烈亚斯·卡普斯（Andreas Kappes）一起做了一项研究，想看看乐观幻想是否会迷惑我们的大脑，让它认为我们已经实现了梦想。该研究比本书此前的研究更复杂一些，因为我们是想测量人的潜意识认知过程。我们不能仅仅让志愿者告诉我们，对愿望的幻想是否会让他们信以为真，因为那样他们就会干扰潜意识的进程，并对其进行有意识的调整。我们得设法对潜意识的进程进行直接的观测。

我们召集了一组在校大学生，让他们读了一段情景描述：某人回到家里，正撞上他的女朋友跟他的好朋友睡在一起。我们让志愿者想象自己就是这个人，而上述情景就真实地发生在他们身上。随后，我们又让他们接受了一项测试。在测试中，他们需要注视电脑屏幕上快速闪过的一些单词或字母组合。他们面前有两个按钮，一个表示"是"（如果他们看到的真是一个单词，就按这个按钮），一个表示"否"（如果他们看到的只是一些毫无意义的字母组合，就按这个按钮）。这些单词里，有些与暴力相关，如"残暴""拳头"等，其他则与暴力无关。接着，我们又让同一组志愿者读了上面那段故事的后续内容。那个人对自己的朋友进行了报复，比如对朋友进行公开羞辱，砸烂了朋友的自行车……志愿者需要再次把自己想象成这个人，再接受一次辨词测试。另外，我们还询问了志愿者，在幻想中实施的报复是否特别顺利。

该测试主要是为了探究，如果志愿者在幻想中顺利完成了报复，那么在辨识与暴力或攻击性有关的词汇时，他们的反应是否会更慢一些。该测试的依据是，很多学者经过研究后发现，人在达成目标之后，其大脑对与此目标有关的词汇的认知能力就会变弱，因此在辨识此类词汇时的反应就会慢一些。显然，志愿者辨识与攻击性有关的词汇的速度，能反映出他们是否已经通过幻想完成了对恋人与好友偷情的报复。果然不出我们的预料：志愿者在幻想中所进行的报复行为越顺利，那么在辨识与暴力和攻击性有关的词汇时，他们的反应速度就会越慢。

现在大家能明白了吧！不管我们实现愿望的念头有多么强烈，为什么幻想总会令我们松懈下来，影响我们的行为表现。幻想过后，大脑就会对我们说：不用锻炼，也不用合理饮食，也能减肥；不必四处奔波，到处参加面试，也能找到工作；当企业领导想对企业进行改革时，他们不用费心竭力去加强交流、筹措资金、培训管理人员……我们的思绪早已先行一步，到达成功的彼岸了。于是我们完全松懈下来，享受着美梦成真的感觉，对现实中需要做的事情全然不顾。不知不觉地，我们就会完全忽略某一个因素，而该因素恰恰是取得成功的关键，那就是：行动起来。

被圈养的惰性：行动会打破幻境

在生活中，幻想还有更严重的危害：它会扭曲我们从周围世界里采集信息的方式，令我们失去平衡，并且很可能使我们戴上不切实际的有色眼镜。幻想使我们处于一种愉悦、轻松的状态，在这种状态里，我们认为自己的梦想已经实现。因此，顺理成章地，我们就很愿意尽可能地停留在这种状态之中，并且，更倾向于接受那些能够延长这种幻想的信息。比如说，如果我们幻想自己去非洲长途旅行，那么，我们就会在读报纸时刻意关注那些讲述非洲之行的优点的文章，而不愿看描述非洲旅行多么昂贵、危险、差劲的文章。久而久之，我们就渐渐沉浸在一个自建的虚拟世界里，而这个世界完全是由有根据却又有失偏颇的外界信息所组成的。真实世界的细微差别和复杂性被我们抛在一边，而由此所做出的决定终将反噬。

为了验证这些观点，我跟希瑟·巴里·卡普斯又回到了研究的起点：高跟鞋。我们召集了 77 名女大学生，让她们在电脑上回答一系列问题，如她们去年是否穿过高跟鞋，明年打算多久穿一次高跟鞋等。为了避免学生们猜到此次调查的目的，我们将以上问题混杂在其他问题中间，如她们打算多长时间穿一次紧身牛仔裤。然后，我们让其中一组志愿者多写一些幻想的场景：这些想象中的高跟鞋是多么漂亮，穿上之后吸引了多少目光。另一组志愿者则被要求写一些有关高跟鞋的疑问和负面的想象。3 分钟过后，我们让她们浏览了一个特意做出来的网站，名叫"时尚事实"。我们对她们说，希望听听她们对于该网站内容的意见。这个网站的内容兼顾了正反两个方面：一方面是穿高跟鞋的好处，如"每周至少穿 3 天高跟鞋的女士，其小腿和臀部肌肉都会变得紧绷"；另一个是穿高跟鞋的坏处，如"穿高跟鞋将会影响脚的健康和美观，如鸡眼、老茧、槌状脚趾、拇囊炎、血泡等"。这个网站共有 10 个网页，只涉及 5 种物品（包括高跟鞋在内），每种物品的内容占两页，一页说它的优点，一页说它的缺点。志愿者一次只能看一个网页，且每个网页只能看一次，这么做就避免了她们对不同内容的反复比较。然后，我们统计了她们在每个网页上的停留时间。不出所料，那些对高跟鞋有过乐观幻想的志愿者，在看描述优点的页面时，其停留的时间要比看描述缺点的页面长一些。

需要说明的是，并不是所有志愿者身上都表现出了这个效应。只是在那些实际生活中根本没穿高跟鞋打算的志愿者身上，我们观察到了这种效应。换句话说，如果你的愿望是乘着自己的游艇去加勒比海游玩，而你恰好既有游艇，近期又有乘游艇度假的计划，那么你脑中的信息处理过程将不会受到影响；反过来说，如果你跟绝大多数人一样没有游艇，也没有真正乘游艇去度假的打算，那么你的信息处理过程就会出现偏移。

我们大多数人对于未来都持有乐观幻想，而这其实把我们置于了两难的境地。一方面，人们不自觉地放松下来，并使大脑误信，自己的愿望已经实现了。另一方面，人们的幻想又把他们的认知能力束缚在这些愿望里面，并将那些可能会戳破幻想的信息挡在了外面。然后，人们本可以利用这些被阻挡的信息跳出幻想，并对愿望进行重新审视，从而找到真正实现愿望的方法。这种两难境地往往会导致人们的失败，更有甚者，会让人产生根深蒂固的无能为力感。我们希望能够穿上紧身牛仔裤，于是决定减肥。然而，我们同时又持续幻想着自己减肥成功之后的美妙身材，于是一次次无法抵御大包炸薯条的诱惑，也无法坚持在工作之余去参加舞蹈课。我们环顾四周之后发现，别人好像都实现了各自的雄心壮志。于是，我们就很纳闷，为什么自己没办法做到。

有一个很老的关于彩票大奖的笑话。某个人天天幻想着自己中了几百万美元的大奖。"那样的话，我就什么烦心事儿都没有了，"他如此想到，"那时我就能住在大别墅里，再也不用担心车贷，还能买很多新衣服。"几个星期过后，他的幻想升级了："买了新衣服之后，我的样子就焕然一新了，我就能约到更多女孩。我们可以坐飞机去巴黎玩，在三星级餐馆享受美味佳肴……"可是一个月过去了，两个月过去了，他一直没有中奖。他还在等，还在幻想。一年过去了，好运依然不肯降临。终于，他就要绝望了，这时他向老天爷祈祷道："老天爷啊，求求你让我中彩票吧。你为什么不肯降福给我呢？你为什么跟我作对？我跟你什么仇什么怨？"令这个人吃惊的是，这时天上的云朵如大门一般敞开，仙乐阵阵，金光闪烁，随之传来一个低沉的声音，是老天爷开口说话了。老天爷又气又急地说："你倒是去买张彩票啊！"

成天坐着想入非非，显然是远远不够的；我们必须行动起来、做出牺牲——去买一张人生的彩票。我们的愿望很可能是可以实现的，但其前提显然是我们的实际行动和身心的投入。值得庆幸的是，大家也都看到了，只要积极地追逐、明智地选择什么样的愿望值得我们为之付出努力，很多愿望是可能实现的。我的很多实验已经证实，要实现愿望，不是要摒弃乐观幻想，而是要将其改进、完善，好好利用，用它来对抗我们久已忽视或蔑视的东西：阻止我们实现愿望的障碍。

反惰性
Rethinking positive thinking

第四章

唤醒：利用幻想的优点，规避幻想的问题

幻想对于实现愿望而言，既有有利的一面，也有不利的一面，那么如何才能充分利用前者，并克服后者呢？厄廷根教授发现，在人们以乐观的态度幻想过实现愿望的情景后，如果能适时地转向幻想实现愿望的过程中可能遇到的障碍，那么不但能够阻止人们陷入自我催眠的惰性陷阱，还能大幅提升人们为实现愿望而采取行动的能力。厄廷根将这种方式命名为心理比对。硬币有正面就必然有反面，只重视正面上的币值，并不能帮助你把它装进自己的口袋里。同样的道理，通过正反两方面的幻想，心理比对这个简单的工具就具备了强大的功效。

　　在开始本章内容之前，首先请大家拿出一点时间再做一项测试。找一个安静的地方，放松身心；取出纸笔，回答下面这个问题：在接下来这一个星期里，在人际关系或工作方面，你的最大愿望是什么？

　　也许你丈夫让你这个周末陪他去大学朋友家里吃晚饭，而几个月前你跟他的这个朋友争吵过，从那时起就没再跟这个朋友说过话。你很想向他道歉，跟他和好。

　　也许半年之前你受到过上司的表扬，因为你在某个项目上表现优异。他当时曾说，应该升你的职。然而，你已经做过年度绩效评估了，却没有得到升职，一个工作表现不如你的同事反而升职了。你想跟上司谈谈这个问题，希望能得到晋升。

　　也许你所在的公司接触到一位新客户，而他带来了一个令人眼馋的商机，能把公司的利润提高25%。在客户的董事会上，公司得派人把这件事敲定。你想去试试。也许你能光芒四射地拿下这位客户，一跃成为公司的福将。

　　不论你的愿望是什么，用三四个关键词将其记录下来。

接下来，想象一下事遂人愿是怎样的情景、最好的结果是什么。比如，你向丈夫的朋友道了歉，他说自己也有不对的地方，你们互相拥抱，不计前嫌。又比如，你跟上司的谈话要比想象中简单得多，他感谢你能找他当面把话说清楚，并同意升你的职，还要给你一笔奖金以资鼓励。再比如，你在客户的董事会上做了业务陈述，对方长时间起立鼓掌，并当场签订合同……不管你盼望或担心的是什么，事遂人愿是什么感觉？你觉得自豪吗？高兴吗？激动吗？想象一下最好的结果，用几个关键词将其概括一下并记录下来。然后，闭上眼睛，尽可能生动形象地想象这种结果，边想边记录。不要拘束你的思绪，任其信马由缰。

当然，生活并非总如此遂人愿。那么，是什么妨碍了你达成自己的愿望呢？你内心的障碍是什么？你达成愿望的内心阻力是什么？就拿前面3个例子来说，是不是看到你丈夫跟大学好友还保持着联系，而你跟同学们已经疏远了，因此你觉得心中愤恨？是不是你在阐明心中所想的时候会觉得恐惧，尤其是与位高权重的人物打交道的时候？是不是因为你每次在公众面前发言时，就会想起小时候你哥哥对你的打击"没有人愿意听你的废话"？

再思考一下：你想的是真正的障碍吗？有没有比它更真切的？尽可能深挖，找到真正的障碍，将其牢记于心。然后想象一下遭遇这个障碍的情景。同样，不要拘束你的思绪，任其自由展开。尽可能将相关事件和情景想象得生动一些。

大家要牢记一点：客观上有根据的、唯一"正确的"障碍是不存在的。你要寻找的障碍，应该是此刻感觉最贴切的，它比任何借口都更加真实。一旦想到了，你就立刻会有一种感觉——就是它了。因为此时你会有种洞悉事理、恍然大悟的感觉，就像顿悟一样。

20世纪90年代，当我的研究初次证实乐观幻想无助于达成愿望时，我很失望。我之所以要研究人的幻想，并非仅仅出于兴趣，而是希望幻想能给某些人提供帮助，这些人实现大大小小的愿望时遇到了困难。如果幻想只能使人们继续挣扎，那么我的研究就没有意义了；因此我开始考虑，是否能在幻想的过程中干预一下，进而扭转局势，使幻想变得有益于愿望的达成呢？尤其要指出的是，既然乐观幻想会令人放松、松弛下来，我是不是能找到一个办法，利用愿望将人"唤醒"，进而给他们动力，并促其成功呢？

过滤：清理扰乱动机的各种杂念

我认为，让人行动起来的最好的办法就是让他们有所幻想，然后立刻将阻碍幻想达成的现实放在他们面前。我将二者的对峙称作"心理比对"。通过心理比对，我可以将幻想置于现实基础上，避开其令人松懈的副作用，并将其转化为一种工具，用于唤起人行动的动力。

为了检验心理比对有没有道理，我需要通过实验来证明。然而，心理学家在设计实验的时候，往往是借用其他学者此前开发出来、经过验证的调查问卷、实验程序、理论范式。比如说，我在研究乐观幻想的松弛作用时测量了志愿者的血压，因为此前的研究早已证实它与人的情感活力有关。而心理比对是一个全新的概念，因此我必须从零开始，根据幻想对人的诱导作用进行测量，亦即研究人员所称的"可操作变量"。这是一个创新的机会，很有趣，同时也很伤脑筋。开展研究，不仅牵扯到时间和资金的问题，其结果也是未知的。要是实验设计的有误，得到的结果很可能毫无意义。

我用了很多时间来设计实验，并寻找可能的理论范式。既然我对其他假设持怀疑态度，就得将其设计为对照组。首先，既然我的假设是"乐观幻想"与"现实障碍"共同为人提供帮助，而非二者中的任何一方单独起作用，那么，我就得在实验中加入两个对照组。一个对照组是只对未来持乐观幻想的志愿者，另一个对照组是只看到现实障碍的志愿者。我还怀疑，只有在幻想了愿望实现之后，人们才会把生活中的事实当作障碍。否则，这些事实就将处于"中立"的状态；在人们眼里，它们就不是通往快乐结局路上的绊脚石。只有在脑中"经历"过快乐结局，体验到它所带来的轻松和快乐，人们才能真正将现实中的某些东西认作障碍。为了验证这个观点，我还在志愿者中加入了第三个小组，即"逆序比对"——先想象现实问题，然后再开始乐观地幻想。如果心理比对真的有效果，那么在做过心理比对的志愿者身上就能看到行为的改变，而在其他两组志愿者身上则不会有相应的表现。

此外还有个问题，那就是怎样唤起被测试者的幻想。幻想的内容怎么选？在让志愿者开始展开幻想时，该使用什么样的话语？连续几周时间，我都在思考这些问题。我回顾了自己及学生们的幻想内容，还询问了一些熟人的愿望。大多数朋友和熟人告诉我的，都是与人际关系、学业、事业有关的愿望，如约某人出去，跟配偶或家人和睦相处，考个好成绩，完成论文……显然，不同的人有着不同的愿望，因此，我打算先不给他们一个特定的幻想情景。要是我能让志愿者自发地产生其愿望，那他们的幻想将是最充分、最成熟的。

　　我还发现，人们往往觉得有义务反思他们自己拥有的情绪或感受。在对朋友和熟人进行初步调查的时候，我就发现他们很难毫无顾虑地展开幻想，且往往受到心智的侵扰，不由自主地产生疑问：该把什么愿望、结局、障碍记录下来，以及如何对其进行描述。通常情况下，人们会在不同的愿望之间切换，或者想出一系列的结果和障碍，并最终迷失在"哪个结果和障碍才是最重要的"这个问题上。因此，在让志愿者展开幻想时，我必须小心设计情景，从而能让他们毫无拘束、毫无顾虑地体验自由流动的图像流——亦即威廉·詹姆斯所说的"思想之流，意识之流，或主观生活之流"，从而避免在此过程中使志愿者纠结于"正在做什么"或"应该怎么做"。

　　于是，我要求志愿者总结几个关于乐观结局及其障碍的关键词。这样做将带来一个额外的好处：我的几位同事认为，只要志愿者提到乐观的未来及其障碍，就足以对他们产生激励，并使得行为改变；不过，我认为仅仅几个词语还不够，其"魔力"还是在心智中由自由联想所阐释的最佳结局及其障碍（换句话说，在图像中生成）。为了验证我的假设是否正确，我让所有志愿者都提交他们关于最佳结局和障碍的关键词，但只有心理比对组志愿者依靠自由联想对此进行阐释。如果仅仅提到结局和障碍就已经足够，而依靠自由联想对此进行了阐释是无足轻重的，那么所有参加测试的志愿小组都应该受到同样的影响，而非仅仅体现在心理比对组志愿者身上。

经过数周的准备，我和同事召集了德国柏林两所大学的 168 名女大学生。首先，我们让她们想一下当前她们最大的个人愿望或最关心的个人问题，然后让她们用百分数评估一下自己实现愿望的可能性。每位志愿者需要写出 4 个与愿望达成有关的乐观的词语或短句（如"陪伴彼此的时间更多""感觉有人在爱着我""感觉对方需要我"等），以及 4 个与现实障碍有关的词（如"害羞""太情绪化""学业繁忙"等）。我们要求其中一组学生进行心理比对，即围绕两个关于愿望达成的关键词以及两个关于现实障碍的关键词展开幻想，并让其思绪在两者之间转换（先从乐观的词汇开始），然后将他们脑子里面出现的东西详细地记录下来。我们特别关照这一组学生："只要有需要，用多长时间、用多少页纸记录都可以。如果写不开，可以写在纸的背面。"

上面这一组志愿者就是心理比对组；第 2 组学生只幻想 4 个与实现愿望有关的关键词（沉湎于乐观幻想的小组）；第 3 组学生只幻想 4 个与现实有关的、妨碍她们实现愿望的关键词（只看到现实障碍的小组）；还有第 4 个小组，即逆序比对组，她们是首先思考一个与现实障碍有关的词，然后再思考一个与乐观未来有关的词，一共做两次。测试完成之后，我们立刻要求所有志愿者思考一下她们与人际关系有关的愿望和担忧，并评估各自的内心活力水平。两周之后，我们又给她们寄出了调查问卷，让志愿者列出在上次测试完成后她们为实现愿望所采取的行动。此外，她们还指出了，在采取行动的过程中，哪两个阶段是最难的。

此次研究的结果很令人惊讶。此前我们预测，所有使用过心理比对的志愿者都会受到激励。然而，在审查调查数据时，我们却惊讶地发现，只有一部分使用了心理比对的学生觉得更有干劲并立刻采取行动去实现愿望，其他人则没有这么做。其区别在于，她们是否觉得一开始就有机会取得成功。如果志愿者基于以往的经历认为存在成功的可能，那么，在心理比对的影响下，她们的活力确实比其他几组志愿者有显著提升。倘若她们对实现愿望的判断并非基于以往经历，那么与其他志愿者相比，她们内心感受到的活力以及所采取的行动就会少一些。

从这项实验来看，心理比对似乎比我们预想的更有用。做过心理比对的人，在想到自己的愿望时，并不是立刻就"点火"行动起来。如果这个愿望几乎无法实现，那么就此放手，转而关注那些能有进展的愿望，岂不是更好吗？倘若你的篮球才华出类拔萃，但在音乐方面并不出众，那么，每天用 4 个小时练习小提琴，并打算考音乐学院，这是合理的选择吗？回想一下以前你被音乐学院招生委员会一次次拒绝的苦涩滋味，要是能专注于一个能够实现的愿望、一个能跟你产生共鸣的愿望——如在社区大学的篮球队里当首发中锋，岂不是更好？

看起来，并不是所有对达成愿望的努力追求都能给人们带来益处，关键还是要看该愿望是否有达成的可能性。大家肯定认识一些

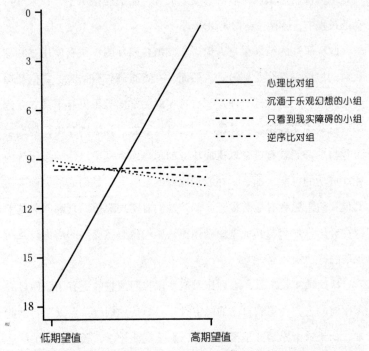

开始采取行动的时间（单位：天）

图 2：对成功的期望值越高，做过心理比对的志愿者就会越早采取行动解决对人际关系有所担心的问题；而在其他三个对照组（沉湎于乐观幻想的小组、只看到现实障碍的小组、逆序比对组）的被测试者身上则未体现出这种联系。

这样的人，他们起初一直追逐着几乎不可能达成的愿望，忍受了好多年的沮丧情绪后，最终放弃了该梦想，转而去追逐更有可能实现的梦想。我有个朋友叫凯文，他父亲曾是一家大公司的 CEO。不幸的是，他父亲 40 多岁就因心脏病去世了，那时凯文才 10 岁。从那时起，他就立志要重现父亲的辉煌，创办一家同样卓越的公司。他在学校里成绩优异，临毕业时他想到一个创业的好点子，那就是新兴的、基于网络的服务。为了把公司办起来，他去银行贷款，但所有的银行都拒绝了他，拒绝的理由是市场上早就有了他打算提供的服务，并无新意。他只好向亲朋好友借钱，虽然借到了一些，却还是不够创办公司的。几年时间过去了，虽然他能养活自己，却没什么拿得出手的成绩。最后他终于受够了，于是考取了一所名校的工商管理硕士，又在一家大公司找到一个初级职位。现在他既不是企业主，也不是 CEO，但他从事着自己喜欢的工作，身为中层管理人员，收入也不错。他最终明白，开办公司其实一直是他父亲的志向，但不是他的。经过数次碰壁的经历之后，他找到了自己的人生道路。

20 世纪 90 年代初以前，心理学家就开始着手研究该如何刺激人的行动力，但他们几乎没有研究过，在日常生活中，人们如何在必要的时候抽身而出。我们的研究表明，心理比对能够帮助人做两件事：一是在愿望行得通时让其快马加鞭，二是在愿望不合理时抽身而出。它就像是个自我调控工具，帮助大家合理分配智力、精力、体力，不仅是努力达成愿望，而且是明智地努力达成愿望。如此一来，那些能够提出新颖且行得通的创意的人，就能更投入地去制订商业计划、寻求投资、开办新公司。另一些像凯文一样的人，在隐约感觉某个愿望并不适合自己时，也能早点放弃，从而就不会徒劳无功地浪费数年时间。

除了像开公司这样的长期项目，我觉得心理比对还能帮助人们解决多种日常生活中的难题。比如，与伴侣相处并不融洽的人，可以通过做心理比对明确内心的阻力——即妨碍他与伴侣和睦相处的因素，然后抽身而出，去追寻另一段更为满意的恋情。再比如，一位老师正在排队买咖啡，她的第一节课 8 点开始，而排在她前面的还有 10 个人。现在她有两个选择：1. 继续排队，但上课会迟到；2. 不买咖啡了，准时去上课。要是做做"心理比对"，也许她就会意识到，迟到其实是可行的；当然，她也可能意识到，自己真正的愿望是准时赶到课堂上，如此一来，她就会对买咖啡这件事没什么纠结了，并等到下课后再买。不论她最终怎么做，她都是全心投入的。她会做出对自己来说最正确的选择，并付诸行动。如果大家都能用上心理比对这种工具，那将会怎样？人们的生活是否会变得既简单又丰富多彩？大家是否会每一天都过得非常充实满足？我认为心理比对具有这样的潜力。

杠杆：期望值越高，行动力越会被放大

心理比对可以用作自律工具，使我们的日常生活变得简单，改善人的长期发展，但在将其推广之前，我还需要对其进行验证，以保证针对不同种类的愿望、用不同测量方法进行评估时，它都能站得住脚。首先，我对那些特别容易引发乐观幻想的愿望进行了探索，想看看对于为实现愿望所做的努力而言，心理比对会产生怎样的

影响。

　　我先去了一家模特经纪公司，跟他们要了一些帅气的男模照片。然后找了一些女大学生，让她们给这些男模的迷人程度打分。其中有一位男模明显令她们意乱神迷，其得到的分数也最高。

　　随后，我召集了 143 名大学一年级女生，在让她们看这位男模照片的同时，我告诉了她们一些虚构的信息：这个人名叫迈克尔，今年 27 岁，是一名博士研究生，我在马克斯·普朗克人类发展与教育研究所的同事。迈克尔主持着一个研究项目，正积极寻找女性参与者；参加了我这次实验的志愿者，只要愿意，都可以与他会面，并参加他主持的研究项目。之所以加上后面这句话，是因为我想让她们认为，真的有机会见到迈克尔本人。我要求志愿者花两三分钟观察迈克尔的照片，然后完成一份"三段式"的调查问卷。为了测量她们对结识迈克尔的可能性的期望值，我问了她们一些问题，如："如果你遇到了他，你认为自己和他成为朋友的可能性有多少？"此外，我还问志愿者，她们觉得迈克尔有多么迷人、可爱、有趣。接着就很有意思了：我让志愿者想象一下，她们真的遇见迈克尔，并有机会跟他结识的情景。我让她们写下 6 句话，以表示与迈克尔相识是多么美妙，如"感觉'来电'"等；再写 6 句话，表示可能存在的障碍，如"我害羞""我不漂亮，无法吸引他的注意力"等。跟前面的实验类似，我将志愿者随机分为 4 组：第 1 组志愿者深度思考与未来有关的两方面的句子（这里指的是结识迈克尔）；第 2 组志愿者只幻想与乐观未来有关的 4 句话（沉湎于乐观幻想的小组）；第 3 组志愿者只思考与迈克尔结识可能遇到的障碍；第 4 组志愿者——

我将其称为"既不沉湎于幻想，也不考虑现实障碍"的小组，完成一系列有趣的测试题。一周后，我让四组志愿者回答了一份调查问卷。为了评估她们的活力和投入程度，我问她们"有多想结识迈克尔"和"如果不能结识他，会有多么失望"。结果显示，志愿者觉得结识迈克尔的可能性越高，就越想去认识他。这个研究结果也验证了心理学上的一个共识：对实现愿望的正向预期会刺激个人努力程度，并增加该愿望最终达成的概率。不过，在实验中，与其他三组志愿者相比，那些做过心理比对且对实现愿望有较高期望值的志愿者，其热情明显比其他人要强很多。随着期望值增加，其无法结识迈克尔的失望感也会增强。心理比对可以强化乐观预期通常情况下所具有的影响力。仅仅是幻想或束缚在现实障碍里，或只是投入到了一场有趣的游戏（既未沉湎于幻想又不考虑现实障碍）中，这些都不能激起女学生们行动的热情。与之类似，在做过心理比对之后，那些对结识迈克尔期望值较低的志愿者，对结识他的热情会差一些，如果未能结识迈克尔，她们的失望感也不会太强。也就是说，她们对一个似乎无法达到的愿望的投入程度不高。

在研究中我们发现，在乐观幻想过后，人的血压会下降，这就证明了，乐观幻想在生理学层面有令人放松的效果。我跟蒂姆尔·斯文瑟针对心理比对做了一项类似的研究。我们召集了63名德国学生，让他们完成一次想象阐述练习，并在练习之前和之后分别测量了他们的血压。在此次实验中，我们将志愿者分成了两个小组：一个是心理比对组，另一组则只阐述他们的乐观幻想。结果我们发现，那些只沉湎于幻想的志愿者，不论他们认为实现愿望的可能性

结识魅力异性

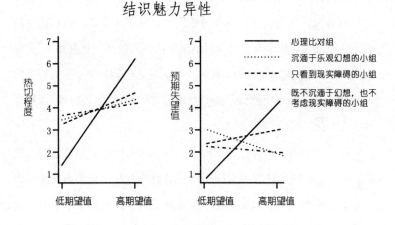

图3：对成功的期望值越高，心理比对组的志愿者就越是热切地想要结识迈克尔（左图），在愿望落空的时候他们的预期失望值就越高（右图）；但在对照组（沉湎于乐观幻想的小组、只看到现实障碍的小组、既不沉湎于幻想也不考虑现实障碍的小组）中则未体现出以上联系。

有多高，在测试之后其血压都会下降，也就是说，幻想令他们更为放松了。在心理比对组的志愿身上却出现了另一番情形：实现愿望的期望值越高，在做过心理比对之后，其血压升幅就越大。如果志愿者的目标是可能达到的，那么心理比对就会在生理学层面给他提供"赞助"；如果他的目标是遥不可及的，那这些"赞助"就会被节省下来。后续研究表明，这种对血压的影响会持续至少20分钟。

在愿望很有可能实现的情况下，与沉湎于乐观幻想的小组或只看到现实障碍的小组相比，心理比对组的志愿者的现实表现是否要好一些呢？为了验证这一假设，我们在德国一所计算机职业学校召集了 90 名男生。首先我们让他们自我估计一下，他们学好数学的可能性有多大，还有，学好数学对他们而言有多么重要。我们让他们列出 4 个跟学好数学有关的乐观结果，他们列的有"更有知识""很骄傲""有利于找工作"等。此外，我们还让他们列出 4 个妨碍他们成为数学达人的现实障碍，他们列出的有"懒""心不在焉""受其他学生干扰"等。

跟前面的测试一样，我们根据学生列出的单子随即将他们分成 3 个小组：心理比对组、沉湎于乐观幻想的小组、只看到现实障碍的小组。两周之后，我们回访了学校的老师，问有多少学生专心致志地学数学，他们是否有所进步。"该生沉迷于数学""该生在学数学时非常努力""该生在学数学时很容易分心"，我们围绕这三点，让老师用 1（与事实情况一点都不符）到 5（与事实情况极其相符）之间的数对每位学生做出评价。除此之外，我们还问老师，如果当时就给出成绩单，他们给每位学生的分数会是多少。

跟我们预料的一样，如果学生觉得很有可能成功，那些做过"心理比对"的学生就会更刻苦用功，而在老师看来，他们取得的进步也更大；对于那些沉湎于乐观幻想的学生及只看到现实障碍的学生而言，尽管他们对成功的期望值上升了，但他们付出的努力并无变化，其成绩也没有变化。大家想一想，沉湎于乐观幻想中的学生该多么沮丧啊：幻想中，他们在数学上的苦难烟消云散了，他们"体验"到了出类拔萃和如释重负的感觉。然而，因为他们并未真正行动起来，现实中的他们未能如愿以偿，所以依然面临着之前的苦恼。

正反馈：突破"自我限制"的窗口

上述实验证实了我对"心理比对"的观点。不过，当人们面对的不是外部障碍，而是与感情和信念有关的内心障碍时，心理比对会如何表现呢？我很好奇这一点。比如说，很多人都不愿向人求助，不是因为别人不肯帮忙，而是因为他们觉得请别人帮忙很不自在。英国的一项研究发现，与女性相比，男性咨询药剂师和门诊医生的次数要少很多。在报道这项研究时，英国《卫报》评论说："男性承认自己的医学常识贫乏的人数要多于女性，然而，在不看说明、不向专业医务人员咨询就吃处方药的人里，男性数量是女性的两倍。"被调查者中 90% 的男性表示"除非病得很重，否则不愿去麻烦医生或药剂师"，也不愿做什么预防医疗。

大学生在遇到麻烦时普遍不愿寻求帮助，青少年群体也是如此。美国学校心理学家协会（National Association of School Psychologists）的一份出版物上这样写道："大量研究结果表明，存在情绪和行为问题的青少年很少接受心理健康服务。"还有一项研究表明，中小学生在教室里也常常不愿寻求帮助，而他们的学习会因此受到影响。

在网络日志和论坛上，很多人认为向同事、伙伴甚至爱人寻求帮助是一件烦心的事。一位心事重重的女士说道："我不知道为什么我不再向别人寻求帮助，总觉得求人不如求己……我这是怎么了？我跟丈夫在一起已经 8 年了，结婚也快 5 年了，我偶尔几次（我记得应该只有三四次）请他帮忙时他都照做了。我想牵头组成一个互助小组，小组的成员都是不愿找人帮忙的职业妇女。"另一位女士说道："从开始记事时算起，我就总是拒绝各种形式的帮助。小时候，每当我遇到难事，父母要来帮忙时，我总是说：'让我自己来！'在百货商店里，我宁可踮着脚尖伸手去拿货架上层的东西，也不让店员帮忙；上学时，我假装听懂了一个知识点，却要多花好几个小时把它弄懂。"

我们调查了 135 名大学生，问他们在之后两三周时间里要处理的、与学校有关的愿望。他们说的大多是"通过一项很难的考试""找到一份实习工作"等。接着我们让他们想出一个能在这件事上给他们帮助的人，在此我们把他称其为"甲"。为了评估志愿者的期望值，我们让他们用数字来表示"甲"帮助他们的可能性。随后，跟此前的研究一样，我们让志愿者幻想一下，如果甲帮助了他们，那么他们所能获得的最好的结果是什么。同时，我们还要求他们列出，那些影响他们开口求人帮忙的"事实因素"。根据他们所列的内容，我们将其随机分为 3 个小组：心理比对组、沉湎于乐观幻想的小组、只看到现实障碍的小组。接着，我们让所有志愿者尽可能充分地想象一下结果和（或）障碍，任思绪自由驰骋，想用多长时间就用多长时间，想用多少纸记录都可以。

两周后，我们寄出了跟踪调查问卷。有 2/3 的志愿者寄回了问卷。在问卷中，我们让志愿者评估一下：在甲的帮助下，他们在处理所遇到的麻烦时取得了如此进展。心理比对确实对那些认为可能得到帮助的学生产生了作用；心理比对促使这些学生开口求助，他们最终得到了更多的帮助。那些对获得帮助没有太高期望值的志愿者，最终很少有人开口求助；这为其节省了很多麻烦，并且也减少了被拒时可能需要承受的失落感。

到目前为止，我所阐述的一些研究已经证实了："心理比对"可以与人们在生活中形成的期望值联手，帮助他们在难以取舍时果断做出决定，并向渴望的未来前进。想一想，这件事的意义有多么重大。生活中，人们往往会被以往的经历所影响；以前发生的事情限制了他们对自己所能达成的事情的认知。这些限制往往是有益的，但也不是绝对的；有时候它们会妨碍我们朝着愿望前行，而这些愿望其实是可以达成的，而且一旦达成就会改善我们的生活。

比如说，有个人小时候打网球时有过几次不顺心的经历。长大后，尽管只需要上几节网球课就能打得不错，并将其培养成自己新的爱好，但基于以往的经历，他很可能会放弃这样的想法。更有甚者，一个人总听到别人说他不如其他人聪明，他可能就不愿意考大学。因为，他会觉得即使大学毕业也不能对他的事业有什么帮助。结果，仅仅因为他不能克服根深蒂固的想法，就最终只能一辈子干着收入很低的工作。这是多么悲哀的事啊！

有时候，我们的期望值实在太顽固。在这种情况下，如果我们能让人们去考虑实现那些前景并不明朗的愿望，那会怎样呢？如果一个人认为"自己不是上学的料"，也许我们不能帮助他完成大学学业，但或许我们能让他对某个并没有多少个人经历的领域产生兴趣。至少，我们可以让他在初次接触某领域时能获得积极正面的体验，久而久之让他变得更加投入，从而帮他培养一个新爱好。

我儿子安东以前对唱歌并没有多少兴趣，有一天去教堂时，他不由自主地跟着大家唱起了圣歌。这时坐在旁边的一位女士对他说：

"你的嗓音很美，你应该报音乐辅导班，系统地学一学。"后来她将安东介绍给了一位音乐教师，从此以后安东就开始学唱歌了。如果没有最初的积极体验，没有让他产生对未来成功的期望，那么他对唱歌的热爱也许就不会那么深刻了。实际上，坐在安东身边的那位女士通过向他提供积极的反馈唤起了他的期待。人们常常会这样使用反馈，将其作为期望的支点。职场上，在向新目标前进时，经理们常常会给下属积极的反馈，以增加后者的信心。教练们在鼓励运动员挑战极限时总是会说："你能行的！"数十年的心理学研究早就证实，有说服力的、积极的反馈是增强期望值的有效手段。我猜想，在将积极的反馈转化为实际表现时，运用心理比对能大幅提升其效果。

于是，我把目光投向了近年来似乎已成为公众关注焦点的一个问题：美国中小学生的创造力明显下降。这种衰减似乎造成了很严重的经济后果，诸多调查显示，企业主管们都声称创造力和革新是职场上最欠缺的关键技能。在 21 世纪知识经济时代，如果每天在职场上耕耘的不是数百万聪明、敬业、有创造力的员工，美国还能保持竞争力吗？这还没把创新所带来的个人满足和文化贡献算在内。有些评论员甚至将创造力看作身心健康和长寿的根源。

对我来说，将创造力作为研究对象还有一个原因：很多人对自己的创造力没有很高的期望值。一些人小时候曾被告知他们特别有创造力，但学校并不像对待智力、学习能力那样注重对创造力的考量。很多美国人都知道自己在 SAT 或 ACT① 这类标准化考试中处于什么水平，但在有些方面只有模糊的感觉，比如，在遇到问题时有没有可能想出别出心裁的解决办法，能不能在不相关的词语或概念之间建立新的联系，等等。假如你是一名会计师，你会觉得有必要发挥创造力，在招待客人吃晚饭时自创一道开胃菜吗？你对自己绘画、作诗的才华有没有自信？对这两个问题，大多数人的回答也许是否定的。创造力似乎是可以提升期望值的领域，由此促使人们朝着目标前进。

　　我和同事们召集了 158 名大学生，让他们参加了一项研究，其中包括各种任务和测试题。每名志愿者都被安排到了一个小隔间，我们让他们看着电脑屏幕上闪过的词语，并评价一下自己与这些词语的符合程度（如"有发明才能的""富有洞察力的"等）。这是一种被心理学家广泛使用的调查问卷形式，名叫"创造性人格量表"（Creative Personality Scale），旨在测量此人的创造力。在收集整理了志愿者对词语的反应结果之后，我们将志愿者随机分组。对于其中一组志愿者，我们给了很好的反馈："总分 31，你得了 28 分，你的创造力超过 90% 的人，属于上等水平。"第 2 组志愿者得到了适中的反馈，我们告诉他们说，他们在测试中得了 15 分，其创造力超过了 60% 的人，"比平均水平略高一点而已"。在此次实验中，我们的

---

　　①　SAT，即 Scholastic Assessment Test，美国学术能力评估测试。由美国大学委员会（College Board）主办，其成绩是世界各国高中生申请美国大学入学资格及奖学金的重要参考。ACT，即 American College Test，美国大学入学考试。是对申请读本科一年级课程的学生进行的入学资格考试，是美国大学本科的入学条件之一，也是奖学金发放的重要依据之一，由 ACT 公司主办。二者都被称为美国高考。——译者注

做法跟先前的研究是一样的。在对志愿者的创造力进行测试前，我们首先对他们的期望值做了评估，问他们觉得测试取得好成绩的可能性有多少，以及测试结果对他们的重要性有多少。随后，跟以往一样，我们给出了情景提示，接着让他们各自展开联想。

最后，我们给了被测试者 24 道题，依次测试他们的创造力表现。这些题一共 3 组，每组 8 道题。第 1 组题目是口头测试，第 2 组是数学题，第 3 组是空间题，每组题有 10 分钟答题时间。比如说，其中有道数学题是这样的："将 27 只动物放入四个围栏里，并使每个围栏里的动物数量都是奇数。"[①]因为此前我们已经通过 CPS 测量了学生们的创造力潜力，所以就能从统计学上对变量进行调整。我们发现，心理比对确实强化了积极的反馈的影响。心理比对组中那些事前被告知自己具有极高创造力天赋的志愿者，在规定时间内完成的题目数量要比另外两组多，他们平均答出了 6.5 道题，而沉湎于乐观幻想的志愿者平均答出了 5 道题，只看到现实障碍的志愿者平均答出了 4 道题。与此同时，在心理比对小组内部，那些收到积极反馈的志愿者，同样比本组内收到适中反馈的志愿者答出的题目要多。

本次研究的结果引起了我极大的兴趣，但是我们忽略了一个可能性：有没有这样一种可能——积极的反馈不需要心理比对的协助，即可达到同样的效果呢？为了验证这一可能，我们需要在志愿者中加入一组既没有经过心理比对、乐观幻想，也不只考虑障碍的人。

---

① 这道题的答案应是：将 27 只动物平均放到 3 个围栏里，每个围栏 9 只；然后用一个大围栏将这 3 个围栏圈在里面。这样一来，3 个小围栏里各有 9 只动物，大围栏里有 27 只动物。——译者注

于是我们又做了第二次实验。这次实验与前一次没有区别，只是加入了第 4 组志愿者——虚设对照组。他们看了一幅风景画，思考其积极和消极特性。这次研究的结果与前次并无不同，那些收到积极反馈，又做了心理比对的学生，比其他组的学生答对了更多的测试题。积极的反馈独自不能成事，有没有经过心理比对，其结果大不相同。

平复恐惧：过度紧张会抑制行动力

迄今为止，我的所有研究都存在一个假设：人是很容易产生乐观幻想的。我觉得这种假设很可能是正确的，很多人（也许是所有人）都做过噩梦。很多人都有过消沉或焦虑的经历，那时候他们可能感觉坠入了深谷，再没有翻身的机会。即使是那些并不消沉或焦虑的人，一生中也会出现这样的时刻：因为习惯了消极思考，他们从未试过乐观的幻想。在某些穷途末路的时候，他们会觉得情况不会好转，未来已经毫无希望可言。在这样的时刻，我们往往会生出消极、焦虑的幻想，想的全是错误连连、痛苦不堪、裹足不前的事。

比如，一位 40 多岁生性腼腆的男士，因为自己在社交场合不够开朗，无法吸引异性的好感，所以他幻想自己可能会孤单终老，并为此感到绝望；一位在执行公务时受了重伤，并被迫退休的警察，也许会放弃希望，觉得再也无法找到像警察这样自己深爱的职业；一个学生数学考试没考好，满脑子都是焦虑和消极的幻想，认为自己下次考试还会重蹈覆辙；一个小孩因为害怕接种疫苗而不敢去看儿科医生……

自从我去过民主德国以来，我就对人们在某些情况下会屈从于恐惧、无法产生乐观的幻想这种现象产生了兴趣。有些人的愿望显然并不是要达成什么乐观的结果，而是直面消极的未来，摆脱没来由的恐惧。对这些人而言，我想搞清楚，心理比对能不能帮他们一把？

我们经常发现，人们会对不同社会阶层或不同族群的人心怀恐惧。从全球范围来看，这种恐惧导致了不同族群之间的隔阂，甚至仇恨和战争。在德国和其他欧洲国家，对外国人的畏惧和憎恨——或称"仇外心理"，是一个很严重的问题，由此引发了青少年的街头斗殴、暴力帮派等问题的产生和发展。我们在德国柏林的一个街区召集了 158 名年轻人，并进行了一项研究。首先，我们让他们阅读下面一段文字：

柏林有很多外国人，如移民、难民等，而各个区域的外国居民人数并不相同。魏森湖区是柏林外国人口最少的行政区。不过，寻求庇护的外国人未来可能会主要被安置在魏森湖区，明年这里就会陆续建起几个收容难民的招待所。这次调查的目的是想看看魏森湖区的居民是否愿意接纳外国人。我们尤其感兴趣的是青少年对此事的看法。

志愿者会克服自己的仇外心理吗？为了测量他们认为自己能做到这一点的可能性，我们直截了当地问他们："如果明年在魏森湖区建几座收容难民的招待所，那么在消除种族隔阂方面，你愿意提供帮助的可能性有多少？"

然后，我们让志愿者根据下文展开消极幻想：

请想象魏森湖区几座收容招待所已经建成的情况，而且一些寻求庇护的人已经入住。接着想象一下此举对你个人造成了什么样的消极后果。你的生活会有哪些负面的改变？你会受到什么样的影响？你的日常生活会受到怎样的干扰？不要拘束你的思维，任你的想象力信马由缰。接下来，将你有关未来的、消极的想法写在纸上，如果纸不够用，可以写在背面。

为了帮助志愿者做出积极的展望——这会阻止恐惧成真，我们给他们看了来自其他街区的青少年的12条反馈，这些街区已经有大量外国人居住。这些反馈描述了这些青少年与外国人建立起了良好的关系。比如"跟这些人一起踢球真不错，我们终于有势均力敌的对手了""当我们搬进一座新房子时，两个外国人主动过来帮我们往楼上搬家具"。

接下来，我们让其中一组志愿者展开心理比对，第2组志愿者幻想外国人到来后的可怕情景，第3组志愿者想象阻止恐惧成真的乐观事实。为了降低乐观事实的影响，我们给了对未来充满恐惧的志愿者（第 2 组）这样的提示："那些给出反馈的青少年，他们想隐瞒什么问题？请说出你的想法！"为了让那些联想乐观事实的志愿者（第 3 组）能切实注重青少年所反馈的信息，我们给了他们这样的指令："你觉得自己能跟魏森湖区的外国人相处融洽，描述一下你的想法。"

两个星期之后，我们对所有志愿者进行了回访，评估他们对外国人的宽容程度。我们问的问题是："如果明年在魏森湖区要建起难民收容招待所，你觉得会给自己带来什么坏处？"除此之外，我们还评估了志愿者努力结识外国人的意愿，我们问的问题是："你有没有兴趣阅读一份与外国青少年合办的杂志，以及你愿意一周拿出几个小时来编写这本杂志。"最后我们评估的是，尽管对外国人心怀恐惧，但他们跟外国人打交道的意愿到底有多强。我们提出以下指令，并对其反馈进行了分析："想象与外国孩子生活在同一个街区里的样子。请尽量展开想象，将所有想法记录下来，要是写不下，可以写在纸的背面。"

跟我们预测的一样，那些认为自己能够克服仇外心理，且经历过心理比对的志愿者会更宽容一些，他们跟外国青少年和谐相处的意愿也更强一些；而对于那些做过心理比对、期望值较低的志愿者而言，其想法与其他几个对照组志愿者没什么不同。

提高宽容程度

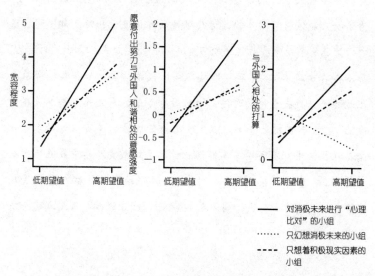

图4：对成功的期望值越高，对消极未来进行心理比对的小组的被测试者表现出的宽容程度就越高（左图），其愿意付出努力与外国人和谐相处的意愿就越强（中图），为与外国人相处而做出的打算就越多（右图）；而在对照组的被测试者身上（只幻想消极未来的小组和只想着积极现实因素的小组）则没有这种联系。

只要短短几分钟的心理比对，就能帮助志愿者克服焦虑和不公正的幻想，解决其仇外心理。除了仇外心理，很多人其实还承受着各种各样、没来由的、扩大的恐惧，心理比对显然能为他们提供一种简单有效的方法，帮助他们克服这些恐惧，从而使生活过得更加投入和充实。一想到这一点，我就激动万分。大家可以亲自试试这种思维练习：想象一个困扰着你的恐惧，且你知道这个恐惧是没来由的。然后，将你的恐惧总结为 3 个或 4 个关键词。比如，假如你是一个单身父亲，与前妻共享女儿的监护权，而前妻已经再婚了。为了女儿能过得开心幸福，你想跟她的继父友好相处，却发现自己的心里总有个疙瘩。你害怕的可能是"女儿会越来越喜欢她的继父，而不再喜欢我了"。然后，继续想象消极的结果，如"我觉得跟女儿疏远了，我去看她的时候，她对我很冷落，却更愿意跟继父在一块儿"。接下来想象一下，阻止这个噩梦成真的现实积极因素是什么。在生活中，有哪些事实能阻止你的恐惧成真？其中最关键的一点是什么？比如，在上面这个例子中，乐观的事实因素就是："女儿非常喜欢我，非常爱我，周围人都知道。"闭上眼睛，沉浸在这个情景里。

现在，收回你的想象力。你觉得这个练习对你有帮助吗？我认为，在想到阻止噩梦成真的积极事实之后，你就会从令你焦虑的恐惧里解脱出来了。我在德国曾让很多人试过这种心理比对，他们的反馈是，这种练习具有良好的抚慰效果，就像泡澡或按摩一样；有位女士对我说："（做过心理比对之后）我觉得更踏实，更安心了。"

心理比对在处理没来由的和不断膨胀的恐惧方面非常有效。如果小时候你曾有一两次看牙医的痛苦经历，那么现在你很可能害怕去补牙；这种恐惧也许对你影响太大，以至于你一次次放弃牙齿护理，直到出了问题才不得不去看牙医。有了心理比对，你就不会再害怕去看牙医了。不过，如果你的恐惧是很实际的、有根据的，那么心理比对会固定这种恐惧，因为它是必定要变成现实的；在后一种情况下，心理比对将会帮助你采取预防措施，避免迫在眉睫的危险。

这里需要提醒大家："心理比对"更适合于那些没来由的、极端的、具有很强压迫性的恐惧。大量研究表明，"缺乏紧张感"和"过度紧张"一样，都会影响人的行为表现，在遇到复杂问题时尤其如此。比如，你是一个学生，正被考前焦虑压得喘不过气，这时心理比对就能帮助你克服恐惧，使你在考试中能发挥得好一些。然而，如果你的紧张只是轻微或中度的，那么这种紧张感其实可以令你受益；如果做了心理比对的话，你反而会因为恐惧消失而变得过于放松，不再全力备考。因此，在打算使用心理比对来处理恐惧时，我的建议是，首先一定要诚实地评估一下你的恐惧是否是有根据的，或者说，这些恐惧是否会刺激你更加努力，表现得更好。

心理比对：激发行动力的高效方法

一系列研究已经证实，心理比对是实现愿望的有效工具，比单纯沉湎在幻想中要有效得多。为此，我进行了大量的实验。不同年龄、不同社会经济地位、不同文化背景的志愿者在实验中的表现都证实了该观点：心理比对能让人深刻理解他们的愿望，然后帮助他们振奋精神、制订计划去实现其愿望。

这些研究结果之所以特别引人注目，原因就在于心理比对的本质。很多人都认为，如果在实现愿望、达成目标方面有困难，就应该花上数月甚至数年的时间坚持不懈，如多参加治疗、跟教练一期接一期地锻炼，或没完没了地阅读励志书籍。当然，这些办法也可能有效果。不过，在我们所做的实验里，志愿者只需要花5到20分钟完成一次"心理比对"，就能取得很可观的成果。（在下文中大家将会看到，在日常生活中，心理比对所需的时间会更短一些。）想象一下，如果在日常生活里，面对各种各样的愿望、担心、焦虑——不管是你打算当天晚上干什么，还是思考如何度过随后的20年人生，如果你能养成快速进行心理比对的习惯，那将会是怎样的情景呢？

查理是一名研究生，他在祖母查出卵巢癌后经历了一段艰难的时期。在这段时间里，他发现心理比对特别有用。他从学校搬回家中，为的是能在祖母动手术期间及此后的恢复期照料她。在这段时期，他因照料祖母的日常生活（如看着吊瓶、饲管喂食等）而不堪重负。"大家都寝食难安，"他如此叙述道，"那是我这辈子最难过的一段日子——眼睁睁地看着亲人变成这副模样。你还不能把感受向别人倾诉。家里的每一个人都不愿接受这个事实，我又不愿给朋友们心里添堵……我最想的就是能处理好这件事，坚强地面对祖母的病情，可是我不知道该怎么做。"

查理去找过心理健康专家，但在他的这件事上，这些专家也无能为力。"我想找个朋友说说这段离奇的经历，但他们感兴趣的都是不相干的、没什么意义的东西，如我对父母是什么态度。他们关心的是已经过去的事，而我想的是往前看。我们的交流不在同一个频道上。"后来，查理觉得心理比对这个工具很有用，能让他直接面对自己的不安和心理问题。"就像一下子把伤口上的创可贴撕掉，逼着自己面对长久以来不愿直视的东西。"

"我那段时间过得很苦。比如说，没有自己的时间，也忽视了自己的健康。我可以让叔叔替我照看一会儿祖母，这样我可以喘口气歇一歇，但我又觉得心里很愧疚。心理比对帮助我看清了阻止我休息片刻的真正障碍，那就是逃离的内疚感。心理比对帮了我一个大忙。它让我醒悟过来，给了我最想要的东西。祖母的病我无能为力，但我能以平和的心态面对她的疾病。"

就像查理令人信服的表述一样，实现梦想的方法——不论愿望是大是小，是顺心还是不顺心——不是把障碍拨到一边，只看到自己的愿望，而是把二者同时考虑，合二为一：先关注愿望，再考虑事实。要是能做到这一点，美好的事情就会发生。不需要医师、教练、药物的帮助，你就有动力达成那些你认为自己有能力实现的愿望（如暂时从重病的亲人身边走开、休息片刻），并面对那些无法达成的愿望的现实本质（如神奇地治愈重病的亲人）。在第二种情况下，你就能将自己解放出来，转而去追逐更有可能达成的愿望。如此一来，你就能及时调整，更加投入地去生活，更明智地追逐梦想。

反惰性
Rethinking positive thinking

第五章

潜意识：将愿望和障碍牢牢绑定

对实现愿望进行的乐观幻想能提高人们的势能，而对过程中的障碍进行幻想则将人们推向了低势能区间，这种势能差就构成了行动力之源。厄廷根教授通过大量实验发现，将两者融合在一起后，它们就会在潜意识中缔结超强关系，这种关系接近于本能反应。进行心理比对后，只要对结果进行乐观幻想，那么这个过程中可能遇到的障碍就会自动被牵引出来，形成势能差。

致力于一个目标，采取行动，取得有意义的进展……这些事理应是很难的。很多公司花掉了数百万美元培训费，以帮助领导层改掉坏习惯，解决人际关系难题。然而，这些培训究竟有没有效果，却很少有人进行过系统的研究。与此同时，那些想戒烟、减肥的人用了 10 多年时间，试过各种方法，却依然没有进展。那么，如此简单的一个心智练习——直截了当的几个小步骤来"放纵"你的乐观幻想，你的活力、行动和成果就会增加？花上几分钟时间幻想愿望（或大或小，或长远或近在眼前）的达成，然后再想象一下阻止达成这个愿望的现实障碍，这真能让你做出更明智的决定、采取更合理及谨慎的行动？如此简单的事情怎么能有如此大的能量？

可是在心理学家眼里，问题就不一样了：心理比对不是太简单，而是太复杂。传统的观点是，坚信自己能成功，你就能实现愿望，亦即"心想事成"，而我们的研究结论颠覆了这个观点。根据我们的研究，只有在志愿者做了心理比对，而非沉湎于乐观幻想或只盯着消极的现实障碍时，这种关系才会成立。很多心理学家习惯性地认为人的内心动力是很直接的东西：心态越是乐观，劲头就会更足，就会付出更多行动，从而取得更多成就；反之则不然。我的研究则更微妙一些：我将对未来的乐观幻想与消极的现实障碍合二为一了。

考虑到心理比对这个观点尚不为人所熟知，也受到很多同行的质疑，因此，我打算弄明白它到底是如何起作用的。除此之外，心理比对的效果似乎也太过惊人，需要对其作用机理进行探究。参加研究的志愿者一个又一个向我们反馈，说他们从心理比对中获益良多。我们注意到，他们在做心理比对时非常投入，这也能从他们的答卷上看出。作为研究的一个组成部分，我们需要在两三周过后对被测试志愿者进行回访，在我们的研究中，常常有 80%—90% 的人给出了反馈——这在同类研究中是极高的反馈率。有些学生被心理比对的魅力深深折服，愿意继续在我的实验室里担任研究助理，并报考了心理学研究生。在志愿者做心理比对时，从他们的面部表情上我们就能看出来，他们的思想正在发生变化。通常情况下，他们的反应就像顿悟一样：眼神亮了起来，身子也在椅子上坐直了。这是一种罕见的、放松与专注并存的状态。因此我怀疑，心理比对并不仅仅在显意识层面发挥了作用，它还进入了人的潜意识层面，重塑了人们看待现实的方式。这种潜意识层面的知觉改变，在人们感到愿望可以实现的情况下，会促使人的行为发生改变，于是，就像施了魔法一般，追逐梦想变得简单了。然而，这些知觉的改变到底是什么样的？在认知层面到底发生了什么？

本能：利用愿望和障碍的落差

　　下面说的是一对美国恋人的例子。尼克和莉兹已近而立之年，尼克现在在比利时的布鲁塞尔，是欧盟的国际法专家；莉兹则在波士顿攻读教育学博士。他们俩对这份感情很认真，每当他们聚在布鲁塞尔或波士顿一起度假时，他们就躺在床上或坐在咖啡厅里，幻想未来二人一起生活的情景，一想就是几个小时：生两个孩子，在美国佛蒙特州买一栋房子，房子要装上红色百叶窗；莉兹在高中当校长，尼克在大学里当教授；后院里要栽上几棵苹果树，至少要有足够空间让尼克重拾久违的园艺爱好……当他们不在一起的时候，尼克和莉兹在这些愿望上所花的时间就少了很多，他们的注意力都转移到了维持相隔万里的爱情的现实困难上。在每天的视频对话中，他们互相抱怨着各自的孤独：他们无法分享生活中点点滴滴的快乐，也无法一起吃顿自己做的晚饭。尼克想念二人相拥在沙发上看电视的情景，莉兹晚上出门时则常常渴望身边有尼克的陪伴。有时候他们觉得二人的生活无法同步，交流逐渐变得毫无意义，他们的关系走进了一条死胡同。

　　就这样，尼克和莉兹在美梦和失落之间苦苦维持着二人的恋情。有一天，尼克突然醒悟过来。他意识到，导致二人相隔万里的原因，其实是自己舍不得手头的这份好工作。事实上，他的这份焦虑正是妨碍他们二人实现共同心愿的主要因素。在跟莉兹视频通话时，尼克将自己的想法告诉了她，而莉兹也表示同意。接下来二人的对话就跟以前大不一样了。很明显，要想实现他们的愿望，就不能再按以前的方式生活下去。于是，他们对情况进行了分析，并达成了一致的意见：尼克辞去欧盟的工作，回到美国，到新英格兰地区找一份工作；莉兹则加快博士学位的进度。他们打算明年就结婚，从现在开始攒钱买房子，并准备要小孩。

大家到报纸上的结婚启事栏里看一看，就能找到很多与尼克和莉兹二人情况相似的故事——异地相恋情侣中，只要一方能在"二人共同生活的愿望"和"二人相隔万里的感情煎熬"之间建立联系，他们就离结婚不远了。起初我的推测是，心理比对的"魔力"在于它能在不知不觉中将愿望和事实联系起来。首先幻想未来的愿望，然后思考眼前的事实，我们就能把自己引到一个问题上去：基于以往经历，在唤起对未来的期待之后，我们是否能克服阻碍愿望实现的现实障碍。如果我们认为愿望是可以实现的，那么愿望和事实就会在潜意识层面合二为一；如果愿望是无法实现的，那么愿望和事实就不会结合，反而分道扬镳。

在此过程中，次序是关键。我认为逆序比对——先想象现实，然后是愿望——不会在人脑中形成"克服现实障碍"与"实现愿望"之间的有效联系。如果一名学生先考虑了自己收到聚会邀请这件事，然后再幻想通过哲学考试将多么美妙，那么她能想到的最大的可能是，聚会的主人为大家提供的是什么样的啤酒，而不是聚会带来的现实影响——占用了她的时间，妨碍了通过考试这一愿望的实现。如此一来，事实和愿望在她脑海中就建立不起有效联系了。她也不会考虑为了考试而放弃聚会。不过，如果她首先幻想的是通过考试这个愿望，那么，聚会的邀请就有了新意义——亦即"实现愿望的事实障碍"。这样一来，在愿望和事实之间就在潜意识层面建立了联系。

有了这样一种意念上的联系，人们一想起愿望就立刻会自动联想到障碍，而这个障碍又会在潜意识里不断激励着人的行动。每次想起自己的梦想，它就会在潜意识里唤起事实，你的脑力和精力就会向"实现愿望"这个目标汇聚过去。如此一来，心理比对就会在我们的意识之外发挥作用，帮助我们在生活中取得实实在在的成果。如果人的头脑中并未形成愿望和事实的联系，或其联系太过脆弱，那么对愿望的幻想就不能立刻唤起阻碍愿望实现的现实障碍，相应地，人就不能采取有效行动向愿望更进一步。

我和同事安德烈亚斯·卡普斯召集了 134 名大学生，让他们想一下自己在社交生活方面最大的愿望是什么。他们的回答有"找个女朋友""跟别的同学建立深厚的友谊""变得更加独立"等。像其他研究一样，我们首先让他们评估一下自己实现愿望的可能性有多少。随后，我们让他们写出几个与最佳结果有关的词语（如"幸福快乐""相互信任的关系"等），还有几个与现实障碍有关的词语（如"害羞""没有属于自己的时间"等）。然后我们让他们把这些词语简化为两个单词，分别代表实现此愿望后的最佳结果和实现此愿望的现实障碍（如"快乐"及"害羞"）。接下来，我们让第一组志愿者做心理比对，幻想的是愿望达成的最佳结果和此前想到的现实障碍；第二志愿者做逆序比对，先幻想现实障碍，后幻想最佳结果；第三组志愿者做的是不相干的虚设练习，首先幻想某次与学校老师相处不愉快的经历，后幻想一次与老师相处不愉快的经历。

实验的下一个环节是，评估在志愿者的心里，愿望和事实的联系有多强。我们使用的是一种被称作"辨词测验"的测试。志愿者将看到一排字母——即所谓的"标靶"，然后判断它们是一个正确的单词，还是毫无意义的字母组合，而我们会测量他们的判断速度有多快。这些"标靶"里就包括先前他们认为的"最佳结果"和"现实障碍"。首先，我们在黑色背景的电脑屏幕上用500毫秒的时间来显示一个白色的十字，然后用50毫秒的时间显示一个基础词（如"快乐""尊敬"等），在这种速度下，志愿者是无法细读每个词的；并且，为了避免此过程受到显意识的影响，我们还在基础词中间穿插了随机字母组合（如"ITGPBLF"等）。接着，我们以150—300毫秒的时间，用红色字体显示了"标靶"词。在此过程中，志愿者需要尽可能快地识别出"标靶"是正确的单词还是无意义的字母组合，一边判断，一边通过按动身前分别标着"是"和"否"的两个按键来作答。

辨词测验

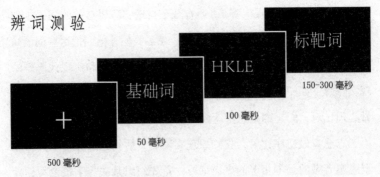

图5：辨词测验中的一个回合。

在本次测验中，我们设计了几个回合，首先显示代表志愿者愿望的基础词，然后显示代表现实障碍的标靶词。这样一来，我们就能测量出志愿者脑中愿望和事实的联系有多强。如果其联系很强，那么他们在看过代表愿望的词之后，会很快辨别出随后显示的代表事实的词。在这些回合之间，我们还插入了一些"对照回合"以及空白"标靶"的回合。在对照回合里，词语的显示顺序是逆序的，旨在测量屏幕上闪过代表事实的词语后，志愿者识别代表愿望的词语的速度有多快。

实验的最后，我们让志愿者回答了以下几个问题：他们对实现既定愿望有多大的热情；他们觉得对实现愿望有多少把握；他们对实现愿望所需要采取的行动有多少了解。此次实验的结果表明，心理比对的确会在人的潜意识中将事实与愿望合二为一。当志愿者断定自己的愿望是可以实现的，他们在先看到代表愿望的词语之后，再看到代表事实的词语时，其识别速度是几组志愿者里最快的。事实显然已经与实现愿望的乐观幻想连在了一起。然而，若是他们认为自己的愿望是不可能达成的，那么他们的识别速度就没那么快了；事实上，他们的识别速度还比不上逆序比对组和虚设任务组的志愿者。显然，心理比对在这种情况下从潜意识层面削弱了愿望和事实的有效关联。

值得一提的是，如果首先给他们看了代表事实的词，那么，那些认为愿望能够实现的学生在看到代表愿望的词语时，其识别速度也不快。心理比对在愿望和事实之间搭建了一条纽带，但其次序是固定的：必须是先想到愿望，再想到事实。在愿望被唤起时，心理比对就会立刻把事实浮现在脑中，这个过程不是我们的显意识能够注意和控制的。跟我们预料的一样，如果愿望是可以达成的，那么，心理比对组志愿者的热情就会表现得比其他组志愿者高；如果他们的愿望是遥不可及的，那么他们的劲头就弱一些。在志愿者对达成愿望的期望值和认识的清晰程度方面，也是如此。愿望和事实之间的认知纽带的强度，反过来也预示着此志愿者实现愿望的热切程度。那些未做过心理比对的志愿者，无论他们达成愿望的期望值有多高，他们潜意识里愿望和事实的联系都只是中等程度，并且对实现愿望也不够热切。

那么，在人们真正实现了愿望的那一瞬间，又发生了什么事呢？在大功告成之后，愿望与事实之间的强联系是否仍然存在？由于已经不需要它提供活力和劲头，那么它似乎应该下场了吧？

为了验证这一假设，我们对这种强联系的"力量"进行了探索。这次，我们的研究将围绕一个特殊群体展开，他们做过心理比对，继而实现了愿望。与他们进行对比的将是另一个群体，虽然这个群体的人做过心理比对，但最终并未实现愿望。我们知道，人们普遍认为自己是有创造力的，于是，我们召集了142名大学生，让他们阅读了一些文字材料：什么是创造力，创造力对一个人未来的成就有多么重要。

我们告诉他们说，我们即将对他们的创造力进行检测，并让他们先估计自己的创造力超过平均水平的可能性有多大。我们让一些学生展开心理比对：一方面考虑自己能在测试中得高分的愿望，详细幻想发现自己创造力非常出众的美好情景；一方面思考该愿望所面临的现实障碍，如"疲劳""思想保守"等。另一些学生（对照组）则想象他们与老师的一次相处愉快的经历及一次相处不愉快的经历。为了干扰他们对自我创造力的信念，我们让他们做了4道创造力检测题，并且告诉他们说，在过去几年时间里，这所大学里的1000多名学生都做过这项测验。测验完成后又过了两分钟，他们拿到了各自的分数。我们告诉一些学生说，他们只得了43分（百分制），换句话说，他们不如自认为地那么有创造力；我们告诉另一些学生说，他们得了87分，的确很有创造力。在此之后，我们再次运用了辨词测试，对志愿者潜意识中愿望和事实之间的关联强度进行了测量。在那些做过心理比对、对测验结果有高期望值的志愿者中，有些人看过屏幕上闪过的代表愿望的词语后，再看代表事实的词语时，其识别速度确实变快了；不过，这种情况只出现在那些在创造力检测中得分较低的志愿者身上，显然，这是因为他们的愿望没有达成。在心理比对组那些在创造力检测中拿到高分的志愿者，因为愿望已经实现，所以他们和其他对比组的反应速度并无不同（见图6）。这次研究表明，在心理比对组的志愿者身上，愿望与事实的强关联已经消失了。在达成愿望之后，事实和愿望就"分手"各奔西东了。此前的愿望也在人的潜意识中退居二线，让位给其他愿望所形成的认知关联。

"未来"与"现实"的关联创造力检测

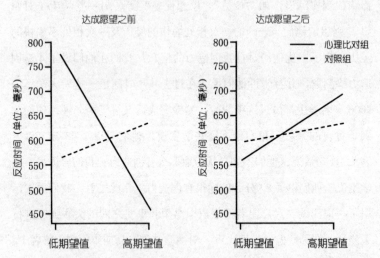

图6：在心理比对组的被测试者身上，其成功的期望值越高，其"未来"与"现实"之间的认知关联就越强；但在那些只幻想了无关内容的对照组身上并未表现出这种情况（左图）。而在达成目标之后，这种现象就消失了（右图）。

　　下面请大家也来做一个小实验：想出下周时间里你要达成的一个愿望，对于达成该愿望你很有信心，但实际上也没那么容易。下面开始做心理比对：给自己一些时间，首先想一个愿望，然后清晰地想象一下这个愿望的最佳结果，接着再清晰地想象一下你内心中妨碍这个愿望实现的事实——可以是恐惧、焦虑，也可以是懒惰或令你烦恼的坏习惯，等等。在想象愿望的结果或现实障碍时，任思绪驰骋。然后过一两天，再想象一下达成愿望的情景。此时，你能否做到不让先前联想过的同一个障碍出现在脑海中？在空闲时想象愿望达成的情景，你是否同时会想起现实障碍？这事实是不是自己蹦出来的？不是所有人都能够意识到：他们的梦想就是这样被"毁掉"的；大家要记住，这个认知过程发生在潜意识层面上。不过，如果你发现自己总是一遍遍想起实现愿望的障碍，那么你就可以确定，这是心理比对在起作用，它正推着你去实现愿望。

认知：激活跨越障碍的理性行为

　　大家再回到前文中那个例子：一名学生即将参加哲学考试，却同时受邀参加一场极好的聚会。今天是星期六，考试是在下星期一。我们姑且称这个学生为"乔妮"，她此时正坐在图书馆的隔间里，幻想着考试的情景"要是能考个 A 该有多好。室友凯莉总考A，是众所周知的学霸，要是我也能考个 A，在凯莉面前该多么扬眉吐气啊。"乔妮来自印第安纳州的一个市郊小镇，是那片地区仅有的几个考上大学的人。如果这次考试能得 A，那她整个科目就是 A了，第二年就能拿到全额奖学金。第一学期结束后，她放假回到家里，祖父母、外祖父母、叔叔伯伯舅舅、表兄弟表姐妹、堂兄弟堂姐妹……都为她在美国一流大学取得的成绩而自豪。她给家人讲述自己的成功，看着他们眼里的赞赏，并将成绩作为家人对她的支持的回报……那将是多么好的情景啊。并且，如果乔妮能在哲学考试中拿 A，她就不必担心为了保住奖学金而去维持平均成绩了。下学期开学返校时，她会更安心一些。

乔妮的哲学学得很好。她在高三时就曾写过一篇关于约翰·穆勒（John Stuart Mill）的学期论文。因此她很肯定，只要刻苦用功，得 A 并不是什么难事。不过，她转念又想到了当天晚上的聚会。她所有的朋友都会参加，并打算在那里喝个痛快。这一学期马上就要结束了，她大多数朋友的期末考试都已经考完了。聚会的主办者请了当地一支著名的乐队，他们要在聚会中献上 3 个小时的表演。将有几百个人参加聚会，学校里的帅小伙都会去。可是，她要是去参加聚会，肯定会牺牲掉一整天的复习时间，星期一考试时的状态也不会太好。除此之外，她还有很多有关启蒙运动和浪漫主义哲学家的内容需要复习。显然，在聚会之前，这些内容是复习不完的，仅卢梭一个人的知识点就得背上三四个小时。

要解决这个问题，只有两个办法：要么干脆不去，要么晚点去，去了之后也只喝姜汁汽水。话说回来，不去似乎不太好，那就晚一点去，拿上一杯啤酒，慢慢喝到午夜，然后早点离开。她以前就曾经这么做过，她的朋友不会太在意，而在那次的考试中她也拿到了很高的分数。好主意！"整晚小口喝完一杯啤酒"就是乔妮达成愿望的工具理性行为（instrumental behavior）。

在愿望与事实之间搭建一条纽带，这并不是心理比对作用于潜意识的唯一方式。我们的研究还发现，心理比对还能在我们感知到的现实障碍和克服障碍所需的工具理性行为之间建立强大的、潜意识的关联。这种关联反过来能解释实际的、可观察到的行为改变。如果乔妮能做一次心理比对，她的思路就会转移到克服障碍所需的步骤上。这个过程不需要她刻意去思考或关注，起码在目标达成之前不必。如果乔妮那时正好碰上几个朋友，后者打算去参加当晚的聚会，他们怂恿乔妮一起前去，乔妮则更可能克服心中的障碍——或是提前离场，或者干脆说很遗憾去不了。如此一来，她将更有可能在考试中有出色的发挥。

为了验证这个假设，我和安德烈亚斯·卡普斯进行了一次实验，在实验室环境下观察人们的工具理性行为。我们召集了99名大学生，并告诉他们说，大学生活会给他们的健康带来负面影响，但世界卫生组织发现，每天锻炼的时间超过半个小时，他们的身材会更好一些。某些活动方式，如上下楼梯，就是很好的锻炼方式。我们还对学生说："每天以上下楼梯作为锻炼方式的学生反馈说，他们感觉更健康了。"借此，我们不仅向志愿者传达了"身材变好"这一愿望，还说明了实现此愿望的障碍（如坐电梯），以及一种工具理性行为（每天坚持上下楼梯）。

跟以前的实验一样，我们首先评估了志愿者认为自己变得更加健康的可能性有多少，然后让其中一部分人进行心理比对，而对照组的志愿者则做逆序比对。接着，我们让全部志愿者做了辨词检测。测试中有与现实障碍有关的词（如"电梯"），也有与工具理性行为有关的词（如"锻炼"）。然后，我们实际观察了志愿者在真正面对电梯（障碍）时会怎么做。我们让他们去3楼下面的房间测量体格指数。此时他们既可以走楼梯，也可以坐电梯，当他们离开实验室之后，我们就把门关上了，由他们自己选择下楼方式。学生们到达体格指数测量室时，会发现门上贴了一张纸条，上面写着"体格指数测量取消了",于是他们必须再回楼上的实验室来。接着,我们问了他们一些问题,并感谢他们参加此次实验。在此过程中,我们用隐蔽的摄像头观察他们上下楼时是否走了楼梯。

正如预料的那样,做过心理比对并对"变得健康"有很高期望值的志愿者,在"电梯"这个现实障碍和"锻炼"这种工具理性行为之间表现出强烈的认知关联。换言之,在使用了相关词语的辨词检测中,他们的反应时间更短。在那些对"变得健康"没有太高期望值的志愿者身上,这一关联就很弱。在逆序比对小组的志愿者身上,认知关联的强弱程度与期望值之间没有任何关系。在观察志愿者的实际行为时,我们发现,心理比对组的志愿者对"变得健康"越是乐观,其使用楼梯的次数就越多;而在其他对照组的志愿者身上没有这种表现。分析表明,现实障碍与工具理性行为之间的认知关联的强度,至少在一定程度上影响到了志愿者使用楼梯的频率。

现实与行为之间的关联
改善健康状况

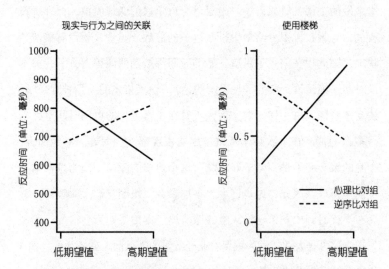

图 7：对成功的期望值越高，在心理比对组的被测试者身上，"现实"与"工具理性行为"之间的认知关联就越强（左图），他们走楼梯的频率越高（右图）；在逆序比对组的被测试者身上则没有这种表现。

感受：放大克服障碍的意义感

我们再回看乔妮的例子。乔妮很想在哲学考试中得 A，但她发现，刚刚收到的聚会邀请是实现上述愿望的障碍。在她的头脑里，"啤酒 + 好友 + 熬夜 = 成绩杀手"。不过，大家不要忘了，乔妮是哲学科目的强手，不需太多担心。然而，她的同学凯莉——那个农业经济学专业的优等生，就不是这样了。她是一时兴起选修了哲学课，本来她的主课就够累人了。她原以为哲学这门课很简单，课外资料较少，且教授也很少给学生打 B 以下的分数。显然，她没有搞清楚状况，因此现在陷入了困境。她的时间都被别的课程占去了，根本没时间仔细阅读卢梭的《社会契约论》，而黑格尔的《精神现象学》读起来就像天书一样。说实话，不管在少得可怜的可用时间里她学得多么刻苦，在本次哲学考试里她的表现都不会太好。对她而言，今晚的聚会并不是"考个好成绩"这个愿望的障碍，因为她根本不可能考得好。因此，她也许会去参加聚会，跟朋友们大喝啤酒，然后在半夜时到中餐馆吃油腻腻的糖醋鸡。哪怕星期天会宿醉，那又怎样？这可是大学，她的主课农业经济学的考试前天就考完了，而 3 周之后还有哲学的补考。

心理比对会对潜意识关联产生影响，这一点已经得到了验证。除此之外，我认为，心理比对还能在人的潜意识和显意识里影响到事实作为障碍的意义。在乔妮这类人进行心理比对时，其眼前的事实就会因为构成了实现愿望的障碍而变得更加消极，也更容易被人感知。然而，对凯莉这类人来说，心理比对将会使事实显得更积极乐观，而不是那么碍手碍脚。由于这一认知过程部分是发生在潜意识里，因此事实所具有的新意义要么会推动此人向愿望前进，要么会使他抽身而出，同时又不会对显意识产生任何直接影响。

我和安德烈亚斯·卡普斯召集了 130 名大学生，让他们说说能在某科目上考到最想要的分数是什么感觉。我们让其中一部分学生进行心理比对，另一些学生或是做逆序比对，或是只考虑妨碍他们考到这个成绩的事实。之后我们让志愿者评估一下这些事实（实现愿望的障碍）给他们带来的感觉。在距离考试还有几天时间时，我们给志愿者发了电子邮件，询问他们是否有很强的学习劲头，付出了多少努力，以及对考试的专注度如何。

在心理比对组志愿者身上，我们发现，如果他们对"考得好"抱乐观态度，那么妨碍他们达成愿望的事实就会变得更加消极；如果他们对"考得好"并不抱乐观态度，那么这些事实在他们看来就不那么消极了。而在其他志愿者身上，事实的意义并未发生明显改变。根据自身对成功的期望值，心理比对组志愿者或多或少都对考试做了准备；而其他几组志愿者的行为独立于他们的期望值，并未受其影响——如果愿望其实是可以达成的，那么这种情况可不妙。根据我们的统计分析，事实的意义改变至少在一定程度上影响了学生备考的行为表现。心理比对在志愿者的头脑中发挥了作用，并产生了实际的效果。

心理比对是否会提醒志愿者他们的愿望、达成愿望的障碍，并暗中告诉他们克服障碍的方法？是不是任何思考过程——只要是把愿望和事实一并考虑，都能让人更加明白，为了实现愿望，自己需要做些什么？根据我们的研究，以上问题的答案是否定的。逆序比对组志愿者同样想象了他们的愿望、达成愿望的障碍，并隐约知道了所需的工具理性行为，但是，尽管他们对实现愿望变得更加自信了，但在他们身上，事实的意义并未发生改变。

令人信服的是，志愿者明确表示，在做过心理比对之后，他们多多少少都会认为事实是消极的。这件事很有意思。我们还发现，这种意义上的改变发生在潜意识层面上。在一项独立研究中，我们让志愿者做了一项练习，该练习被研究人员称作任务转换。该练习解释起来比较麻烦，一言以蔽之，它就是一个分类任务，能让研究者评估人们处理外来信息的速度。我们召集了 119 名大学生，问他们想到哪所大学读研，以及实现这个愿望的可能性有多大。接着，我们把他们分为 3 个小组：心理比对组、逆序比对组，还有一个虚设对照组。然后，我们让他们在电脑上完成任务转换练习，借此判断他们的潜意识能否将事实认作实现愿望的障碍。我们让志愿者想一下，在多大程度上，他们认为自己能否考上该校的研究生，主要取决于外部环境，而非个人努力。通过这种方式，我们评估了他们追逐目标的热切程度。

我们再次发现，心理比对在人的潜意识层面发挥了作用。在心理比对组志愿者身上，如果他们认为很有把握考上研究生，那么他们就越会将事实视为障碍。如果他们觉得考上研究生的可能性不大，那么他们将事实视为障碍的程度就没那么强了。显然，志愿者将事实视为障碍的倾向至少在一定程度上决定了他们追逐目标的热切程度。心理比对组志愿者更倾向于把事实视为实现愿望的障碍，他们对能否考上研究生抱有更强的责任感；那些未把事实看得太消极的志愿者，对于实现愿望的责任感就没那么强了。心理比对影响了志愿者关于事实的看法，帮助他们更清晰地认识了障碍，在此过程中还强化了他们实现愿望的信心。

多亏了心理比对，乔妮才会将聚会视为巨大的障碍。此外，当有新的障碍出现时，她还能立刻察觉到。我们曾做过一项调查，对象是德国 6 家国际象棋俱乐部的 65 个孩子。我们问他们在俱乐部里下棋有多久了，并通过初始测试评估了他们在国际象棋上的水平。然后我们对他们说，为了感谢他们参加这次研究，我们将赠送给他们一些抽奖券，凭券抽取很棒的电脑象棋游戏。我们会给他们一些国际象棋题目，他们解题的速度越快，得到的抽奖券就越多。接着，我们问他们希望赢得多少抽奖券，还有，他们自我感觉赢得这些抽奖券的可能性有多少。然后，围绕抽奖券这个愿望，我们让一部分孩子展开心理比对，其他孩子则是做逆序比对。

接着，所有孩子都做了两道象棋题目。第一道是"障碍"题：志愿者执白棋，但己方的皇后妨碍了将死对方的机会；要想赢棋，必须要走两步，第一步就是先把皇后移开。第二道是"无障碍"题：志愿者执黑棋，我们要求他们设法将死对方的国王，并且，在己方和对手的行棋路线上没有丝毫障碍，三步之后即可将军。之前我们曾对两道题进行过评估，对志愿者来说，这两道题的难度其实是一样的，只是第二题需要走三步，第一题只需走两步。

在分析本次实验的结果时，我们根据志愿者的棋力强弱做了相应调整。我们发现，对做了心理比对的志愿者来说，如果他们起初认为赢得抽奖券的可能性很高，那么就更倾向于把己方的皇后视为将死对方的妨碍因素；若是起初对赢得抽奖券有所怀疑，那就不太会把己方的皇后视为障碍。在"无障碍"题目上，心理比对组志愿者与对照组志愿者表现并无不同。若愿望是可以达成的，那么心理比对就会强化他们对障碍的觉察能力；若愿望是不可达成的，心理

国际象棋题目

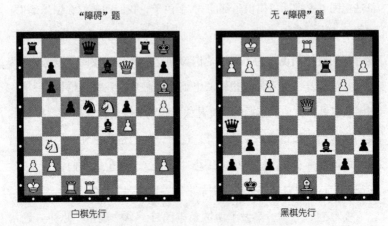

"障碍"题　　　　　　　　　　　　　　　　无"障碍"题

白棋先行　　　　　　　　　　　　　　　　黑棋先行

图8：两道国际象棋题目，所有被测试者都做了这两道题。

比对就会减弱其察觉能力。如此一来，做过心理比对的被测试者就会有充足的准备去实现目标，也能从容应对可能出现的意料之外的障碍。

　　想一个你认为有可能实现但有一些难度的愿望，花几分钟时间做心理比对。一两周后，抽个时间坐下来，拿出笔记簿，把所有感知到并解决掉的障碍记录下来。一共有多少？假如你的愿望是下班后多进行体育锻炼，而你最初想到的障碍是"想边看电视边休息一下"，那么你是否发现，除此之外你还放弃了其他一些休息放松的机会（如朋友约你出去吃饭，或碰巧看到家里桌子上有本好看的杂志在向你招手）？

信心：化解消极反馈所隐含的矛盾

到目前为止，我已经解释了心理比对的好处；大家也看到了，心理比对这种简洁的心理练习，能够影响人们有意识的思考和对障碍的潜意识的感知。除此之外，心理比对还能在一个全然不同的层面帮助人们追逐并实现目标。乔妮之所以能在哲学考试中得到好成绩，从而实现自己的愿望，很重要的一个原因就是她能够更好地对教授、同龄人及其他人的消极反馈做出反应。以前的研究表明，人在追逐目标时会从消极反馈中获益，因为消极反馈会使他们对自身行为进行调整，并根据需求去学习新的技能。然而，消极反馈的性质和后果又使得人们很难应对和处理它，因为它会威胁到个人看待自己的方式，影响他们对自身能力的信心，有时候会令他们的愿望显得遥不可及。于是，人们倾向于忘记收到的消极反馈（哪怕是非常微不足道的），更愿意将别人对他们的肯定放在心里。有时候，人们在收到消极反馈之后，会失去信心，其热情也会大打折扣。

我很想知道，心理比对是否能为收到消极反馈的人提供庇护，保护他们的信心，或者最好能帮助他们好好利用消极反馈中有用的信息。在最早的一项研究中，我跟同事召集了153名大学生，让她们想象一个与个人有关的最大愿望或最关心的事，比如与男友融洽相处或与室友彼此熟悉起来等。在询问过她们对实现愿望的期望值之后，我们将志愿者分为3组，一组围绕愿望展开心理比对，一组幻想乐观的未来，第三组想象阻止愿望达成的事实。在实验的第二阶段，学生们要在电脑上完成一项小测试，旨在评估她们的社交

能力。测试中有一个环节（借用了以前心理学家开发的一个测试）
是，观察志愿者对一系列图片的反应。首先她们要看一幅女士图画，
并判断其性格（见图9）；第二幅是风景画，志愿者看过后需要说说
自己的感受；第三张是情侣相拥的照片，志愿者需要猜测这对情侣
相爱多久了；第四张是一个男人站在一扇开着的窗户前面，我们问
被测试者，她们认为图中的男人5分钟之后会做什么。

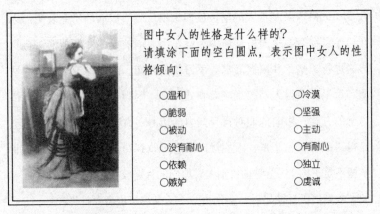

图中女人的性格是什么样的？
请填涂下面的空白圆点，表示图中女人的性格倾向：

○温和　　　　　　　○冷漠
○脆弱　　　　　　　○坚强
○被动　　　　　　　○主动
○没有耐心　　　　　○有耐心
○依赖　　　　　　　○独立
○嫉妒　　　　　　　○虔诚

图9：看图反馈测试中的一张图片。

　　然后，根据她们在测试中的表现，我们向她们做了反馈。首先，
我们在屏幕上闪过12条反馈评价，有的是说某人的社交能力较弱，
如"在一些棘手的社交场合，你会觉得不知所措"；有的是夸奖某人
在社交场合游刃有余，如"在人际关系方面，你可谓是八面玲珑"。
接着我们让志愿者仔细阅读这份反馈列表，然后让她们回想一下自
己记住的反馈信息。我们给她们的提示是："在棘手的社交场合里，

你会……"然后让她们在句尾填上形容词。

当对达成人际关系的愿望有很高期望值的时候，心理比对组志愿者记起了更多消极的反馈信息；而那些期望值比较低的人，她们记起的消极反馈信息就少一些。对于只幻想未来的那组志愿者和只思考现实障碍的那组志愿者而言，不管期望值是高是低，她们记住消极的反馈信息的数量都处在中游位置。另外，所有志愿者都记得那些积极的反馈信息（见图10）。我们得出的结论是：心理比对能帮助志愿者更好地处理与特定目标有关的消极反馈信息。

积极和消息反馈信息回忆

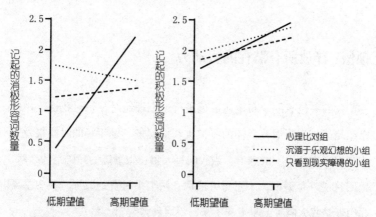

图10：对成功的期望值越高，心理比对组的被测试者记起的消极反馈形容词就越多（左图）；而在沉湎于乐观幻想的小组和只看到现实障碍的小组身上并没有这种表现。而不论期望值是高是低，在回忆积极反馈信息时，各个小组的被测试者的表现并无太大差异（右图）。

　　一些类似的实验证实了心理比对在处理消极反馈信息时的效用，志愿者在做过心理比对之后，更能听得进去消极的反馈，并能将其转化为实现愿望所需的有效计划。与对照组志愿者相比，他们的自尊心更强，也觉得自己更能胜任实现愿望的要求。一方面，他们能够更富建设性地认识消极反馈，或是将其看作一种可以在将来克服的障碍，或是当前情况下受到的限制，或是通过努力可以弥补的不足。另一方面，若是愿望遥不可及，心理比对就会使消极反馈变得令人难以接受，促使此人放弃这个不切实际的梦想，转而追逐能够达成的愿望。

顿悟：释放所有潜在的行动力

　　我的一位老朋友布伦达最近进行过心理比对。她对我说，她的愿望是能把每天锻炼身体的习惯重新拾起来。她年轻的时候很爱锻炼，但现在几乎不锻炼了。当我问每天阻止她锻炼的障碍是什么时，她回答说"是懒惰，不愿每天浪费一两个小时费劲锻炼。我想主要原因就是我太懒了，早上起不来，不愿动弹"。

　　"你为什么不愿意加把劲呢？"我问道，"在别的方面，你的劲头总是满满的啊！"

　　她想了想，答道："以前锻炼时，我经常会感到厌烦。我想，现在不想锻炼，就是因为以前做得太多，心里烦了……我无法克服这种反感。"

我刨根问底地问她为什么会痛恨锻炼。她回答说，年轻时她曾经饮食失调，被迫锻炼身体，哪怕再累也要坚持。那时她憎恨锻炼，但不得不继续下去。她觉得这是种耻辱，因为在她患上饮食失调症以前，她是很喜欢运动的。然而，现在一到体育场，她就不由得想起过去那段痛苦的日子，那段不顾身体承受能力"自虐"的日子。

在想象障碍的环节，布伦达慢慢地睁开了眼睛，她的脸上洋溢着光彩。"哦，"她惊叫道，"我明白了。我能克服懒惰和厌恶情绪。我只需要明白，事实跟以前完全不一样了。我的情绪比以前平稳多了，我现在能控制好自己的运动量。"布伦达其实只需要提醒自己"锻炼不是她被迫要做的事"，而是"想做的事"就行了。现在，她可以随意锻炼，不必逼着自己超负荷运动。

发现、顿悟、启示，这些都是在心理比对期间或结束后立刻发生的事情。就像本章一直探讨的那样，心理比对会给人带来巨大改变，影响他们对事实的认知及对他人给予的反馈的反应。在头脑中，新的关联会在愿望和事实之间、障碍和克服障碍的方法之间形成。在潜意识层面，那些障碍似乎刹那间就比以前变得清晰了许多，这就是心理比对的"魔力"。为什么无论哪个年龄层、何种职业的人，只要敞开心扉通过使用简洁的思维练习，就能实现自己的愿望？心理比对无疑能够解释这种高效自动调节机制的原因。

我们已经习惯了通过有意识的努力，为达成目标而刻苦奋斗。这么做没有什么不对的地方，不过，布伦达及其他参加过实验的人可能会这样对你说：超越意识和理性，你可以获得更多成就。更好地分配力量，追逐那些真正对你重要、能够实现的目标。先想象一下乐观的未来，再想象一下其障碍，这样就能释放出新的潜力，而这些潜力你先前几乎不知道它们的存在。迄今为止，在你的人生里，你可能只用到了头脑中的一部分潜力，而有了心理比对，你终于可以火力全开，投入到可达成的、真心渴盼的愿望中去。

反惰性
Rethinking positive thinking

第六章

工具：用 WOOP 开启超强行动力

在已经存在内在势能差的情况下，如果再明确势能释放的途径，那就可以进一步减少行为发生的阻力。所谓途径，就是在意识中预置，在实现愿望的过程中一旦遇到障碍，自己应该采取的具体措施。整个过程就像在思维中埋下了行动的引爆器，厄廷根教授将这种方法称为WOOP。它由四步构成：W(wish)即确定愿望；O(outcome)即对结果进行乐观幻想；O(obstacle)即幻想追逐愿望过程中可能遇到的现实障碍；P(plan)即在遇到障碍时应该采取的计划。

2013 年秋季，我受明尼苏达高等教育办公室（Minnesota Office of Higher Education）的委托，到明尼苏达州与几组学校辅导员共事了一段时间。辅导员里有一位名叫塔米的中年女士，她跟我谈到了她在日常生活中遇到的烦心事。每天的工作结束后，她刚到家，就立刻被所有家务琐事搅得焦头烂额，如做饭、洗衣服、买日用品、核算账单等。手忙脚乱的她常常无暇他顾，生活里乐趣全无，与丈夫、孩子的关系也渐渐疏远。她想的是晚上下班后有时间陪家人，而不是成为各种琐事的奴隶。

塔米试了试心理比对，想出了一个在未来 24 小时里想要实现的愿望：下班之后不再瞎忙活家务，而是享受这个夜晚。她幻想的最好的结果，是跟家人吃一顿自己做的晚饭，找到曾经的温馨和归属感。更进一步，她想象自己能有额外的时间多陪陪孩子和丈夫，拉近彼此的关系。塔米把要做的诸多家务列了出来，将其作为实现这个愿望的障碍。经过更深层次的分析之后，她意识到，这些障碍其实是她自己加在自己身上的压力，想要把所有的家务活做完。她克服障碍的计划也很简单：要是她觉得已经被繁重的家务压得喘不过气，她就提醒自己，应该优先考虑与家人的亲密关系。这样，她既可以选择彻底不做某些家务，也可以选择换个时间再做。

第二天，塔米向我反馈了她的经历。她一如既往地下班回到家里，接着家务琐事迎面而来；然而，这时，她此前做过的思维练习让她有了全新的视角。在感觉到家务负担又碾压过来时，她并没有陷进去，而是换下衣服，开始烹饪一顿温馨的晚餐。循着炖肉的香味，她的儿子和丈夫饥肠辘辘地来到厨房里。接下来，一家三口就开始坐在餐桌前一起吃饭——这可是久违的场景了。塔米随后需要打扫厨房，但她决定把洗衣服的事先放一放，到周末再说。借着这段空闲时间，她烤了些巧克力饼干，大家都很爱吃。她还跟丈夫出去散了一个小时的步。据塔米说，她已经能够合理地安排时间了，她不再为了做家务而牺牲其他事情了。令她惊讶的是，那些家务也有了新的意义。清理厨房也不像以前那么累人了，也许是因为她当晚其他时间都过得很愉快。

小组里还有一位女士，名叫莱斯利，她在未来 24 小时里的愿望跟塔米的不太一样。她的宠物狗"臭臭"不愿意在它自己的板条箱里睡觉，并且整夜不停地叫唤。这让莱斯利很难睡得安稳。不过，这也不全是"臭臭"的错，白天它的活动时间非常少，于是一到晚上，它就焦躁不安，不愿到窝里去睡觉。如果说莱斯利的愿望是"好好睡一觉"，那么此愿望的最乐观结果就是"第二天工作时沉着坚定，精力充沛"。最终，莱斯利发现，实现这个愿望的障碍其实是，因为她觉得自己太忙了，所以不愿带"臭臭"出去散步。于是她做出了自己的计划：如果我觉得很忙，不愿出去遛狗，那么我就提醒自己，散步会给"臭臭"带来什么好处。这样，我就会带它出去散步了。

第二天，莱斯利向我反馈了一个好消息：她带"臭臭"出去散步了，回来后它就心满意足地到窝里去睡觉了，而莱斯利也美美地睡够了 8 个小时，比这一周里沉睡时间加起来都多。

心理比对不仅仅能在实验室环境下帮助人们追逐可实现的愿望，任何一个人都可以将其用作工具，解决现实生活里的各种问题和麻烦。心理比对可以作为心理学家口中的"元认知工具"去惠及大众。所谓的"元认知工具"，就是帮助人们了解或感知自己的想法和心理意象的一种工具。通过心理比对，塔米就能够自省，并明白"把所有家务做完"的焦虑感妨碍了她享受乐趣及与家人亲近；她还知道在这种焦虑感出现时该如何应对。同样地，莱斯利通过心理比对设定了一个愿望——晚上睡个好觉，并明白实现这个愿望的障碍其实正是她自己；于是她就对自己的思维模式有了清晰的了解，继而改变了自己的行为，从而提高了生活质量。

心理比对能帮助人们追逐可实现的愿望，迄今为止我所做的实验其实已经能轻松证明这一结论了。不过，这些都是在受到严格控制的实验室环境下观察到的现象，如果换到更加变幻莫测、难以预料的现实世界中，这些现象有时候就不存在了。基础科学和实际应用之间存在着巨大的沟壑，要理解这一点，大家只需随便翻看一本科学杂志，试着去理解里面那些佶屈聱牙的语句和艰涩难懂的统计数据就行了。在心理比对这个问题上，我们不知道人们是否能够理解它，并用它去解决实际问题。然而，令人不可思议的是，他们真的是这么做的，而且其结果也跟我们在实验中所看到的一样令人叹服。我们同时还发现，如果往心理比对练习中加入一个新的元素——为应对障碍而制订明确的计划，那么心理比对就会如虎添翼，其效果更好。如此一来，原本在实验室里的心理比对"魔法"就能走入现实了。

行为调控：心理对比能整体提升人的活力

我们将心理比对转化为现实生活里的工具，是在数年时间里慢慢进行的。在 20 世纪 90 年代早期，在我刚刚接触心理比对时，我并未关注过其实际应用，那时的我在临床心理学、心理咨询、心理检测等方面没有什么专业经验，而这些正是心理学家必备的知识。我最初是从事基础研究的生物学家，在转到心理学领域之后，先前我所做的那些实验也只是存在于理论层面，我急切想要弄明白为什么乐观幻想会降低人的实际表现，心理比对是否能够精益求精，以及心理比对到底是如何运行的。研究数据指向哪里，我跟学生们就研究到哪里，不知道我们的研究结果是否能够改善人们的生活。

随着时间的推移，我们看到研究中的志愿者纷纷从心理比对中获益，于是我就有了一个想法：将心理比对用作行为调整工具，让更多的人从中获益。与此同时，我还发现，我的同事、熟人、朋友在生活中试图"以乐观的心态谋求发展""对障碍视若不见"，但屡试屡败。比如，那些想要保持健康的人会幻想自己百病不侵；那些孩子不听话的家长们，会通过幻想孩子品行端正的情景来改善后者的行为。乐观心态也是一种元认知工具，也许还在流行文化中占着一定优势，但似乎成效不大，也没有什么科学依据。

我跟同事曾开展过一项研究，其目的是搞清楚，是否可以将心理比对工具教给别人，让他们将其应用在日常生活中。我们在卫生保健领域召集了 52 名年龄在 24—59 岁的中层管理人员。之所以选择他们参加测试，是因为卫生保健领域的中层管理人员往往工作压力很大，尤其需要多方兼顾、统筹安排：部门主管逼着他们拿出优秀的工作业绩，下属又总会提出与公司规定相违的要求。不难看出，身在中层反而没有多少自主权。沟通不畅，无序的工作环境，过长的工作时间，都让他们身心疲惫，有时候甚至会生病。职场上的大多数人如今压力过大，但我们认为，卫生保健行业的中层管理人员尤其需要一种工具，来帮助他们处理满满当当、头昏脑涨的生活。

我们告诉志愿者说，我们是在调查"日常生活中的自由想象现象"。首先，我们让志愿者提出，他们最近在个人层面上最想解决的问题，比如，与某位员工有了矛盾，赶着写一份业务报告或设计一个提案，等等。然后我们让他们写出 4 个与解决这些问题有关的词语，以及 4 个妨碍他们如愿以偿的词语。我们让志愿者在一张大白纸上写下他们幻想的内容。其中一组是心理比对组，另一组只展开乐观幻想。然后，我们让志愿者联想与个人、与工作相关的其他重要问题。然后，就其中前 6 个问题所引发的愿望展开心理比对或乐观幻想，关于第一个问题的情况写在纸上，其他 5 个在脑中进行。

我们给了志愿者每人一本小册子，让他们在随后两周时间里用于记录。每天他们都要写下当天最牵肠挂肚的问题，或者在脑中，或者在纸上，对以上问题进行心理比对或乐观幻想。在这6个问题以外，如果当天又想起了别的问题或愿望，我们要求他们只要有机会——比如说在超市排队结账时，就在脑中进行心理比对或乐观幻想。

两周过后，我们让志愿者填写了一份跟踪调查问卷。问卷所涉及的内容包括：他们的时间安排得合理程度；他们放弃了多少任务或项目；过去两周时间里他们完成了多少拖延了很久的工作；他们发现做决定有多么容易。做过心理比对的志愿者反馈说，在时间管理和有选择地去完成工作这两个方面，他们比以前做得更好了，做决定也不那么麻烦了。由此我们知道，心理比对是一个很有用、省时省力的工具，人们可以用它来管理日常生活。

在该研究中，心理比对使得志愿者对有限的时间进行了更合理的分配。于是我们又想看看心理比对在群体环境中是否有效——在这种情况下，每个个体都希望成功完成任务，放弃是不可以的。其中有一项研究是我的儿子安东操作的。我们去了位于德国某低收入街区的一所公立小学，在那里召集了49名二年级和三年级的小学生，让他们或者进行心理比对，或者沉湎于乐观幻想，其情景是他们完成了语文作业，并赢得了一袋糖果。我们给他们两周时间，让他们看15幅卡通图片，每幅图片都有对应的英语单词。两周时间过后，我们会对他们进行测试，让他们在每幅图片下面写出相应的英语单词。二年级学生能答对4个以上的、三年级学生能答对7个以上的，就可以赢得一袋糖果。

　　小学生们的情绪被调动起来了，个个跃跃欲试。我们又给了他们每人一本小册子，让他们记录。我们先问了一下，他们对自己赢得糖果有多大信心，以及他们有多想赢得糖果。随后，有一半学生写出了如果赢得糖果，其"最好"和"第二好"的结果是什么。另一半学生（心理比对组）同样写出了赢得糖果后"最好"的结果，但不同的是，他们不是继续幻想"第二好"的结果，而是想象自己的哪些行为会妨碍他们赢得糖果。

　　两天之后，我们将 15 个英语单词中的 10 个告诉了小学生，又过了一周，我们把其余 5 个英语单词告诉了他们，并给他们提供了包括白纸在内的学习用品。在选择英语单词时，我们跟老师合作，选取的都是很简单的单词，只需稍下功夫就能掌握（如"train""car""happy""sad"等）。两周之后，所有小学生都参加了检测，所有人都拿到了糖果。

　　由于本次研究中的检测对所有学生来说都很容易完成，并且，这是一个全新的检测，他们此前并没有对成功有所期盼，因此我们推测，心理比对将会全面提高被测试者的表现力。结果不出所料，心理比对组的检测成绩比乐观幻想组的要好。后来我们对美国一群低收入家庭的五年级学生做了类似的实验，结果还是一样。我们的研究表明，在面临新的、可行的任务时，老师可以使用心理比对来提高学生的实际表现力。现在的学校往往是劝勉学生"保持积极心态"，想象未来的可能性，因此，如果教育界人士能对这种观念进行调整，在让学生保持乐观幻想的同时也想象一下实现愿望的障碍，那学生们一定会获益良多。

我们所做的其他一些研究同样证实了，心理比对作为自我调控工具的实用性，此外还揭示了一个令人惊讶的现象：对既有愿望进行心理比对所唤起的活力同样会作用于其他愿望。比如说，在某一项研究中，我们让一组志愿者围绕"在智力测验中拿到高分"这一愿望进行了心理比对，其他志愿者或者只沉湎于乐观的幻想，或者是从事虚设的步骤。结果显示，那些做过心理比对并期盼着能在测验中拿到好成绩的学生，其收缩压升高了，这就表明他们内在的活力提高了。与此同时，在我们给他们的书信写作测试中，他们也更下功夫。在另一项独立研究中，我们也发现，志愿者在围绕"写一篇精彩的文章"这个愿望进行心理比对时，他们握住手柄的力量也变大了。作为一种工具，围绕可达成的愿望所展开心理比对，似乎能在总体上提高人的活力水平，而这会影响此人针对期望值不高的那些愿望上的行为。也就是说，你在擅长的事情上做了心理比对，这么做甚至会增加你在不擅长的事情上的成功概率。比如，某人的愿望是跟妻子度过一个美好的夜晚，他就围绕这个愿望进行了心理比对，而此举又增加了他做另一件事的可能性，那就是在当天下午写一封久已搁置的、很棘手的电子邮件。

触发器：明确的计划会减少行为阻力

作为一种实用工具，心理比对已经很不错了，但我还是禁不住猜想——是否有办法让它好上加好。20世纪90年代，正当我对心理比对展开研究实验时，我的丈夫彼得·戈尔维策（Peter M. Gollwitzer）也在相关领域开展研究。他提出并研究的理念叫作"执行意图"，即围绕实现愿望这一目的确定明确的意图。我们可以把实现愿望的过程分为两个阶段：第一阶段，衡量各种可能性并确定目标；第二阶段，为实现目标而制订行动计划。心理学数十年的研究表明，实现愿望的意图越强，愿望实现的可能性就越大。比如说，吉姆是一个推销员，他想增进与地区经理的关系，但他的同事科林对此兴趣不大；那么，吉姆实现这个愿望的可能性就比他的同事要大一些。实验证明，一个人的意图只能在轻微程度上影响其行为表现。吉姆也许很想增进与地区经理的关系，但种种因素——如开头太难或其他干扰，都可能会妨碍他采取有实际意义的行动。

彼得和他的同事维罗妮卡·布兰德施泰特（Veronika Brandstatter）发现，一旦下定决心去实现某个目标，为了实现此目标而制订明确的计划将有助于采取行动，克服障碍。在一项以大学生为对象的研究中，他们给志愿者布置了一个棘手的任务：圣诞夜过后两天提交一份假期情况的报告。他们要求其中一半学生详细说出，自己将在何时何地以何种方式写报告（亦即做出明确的计划），而另一半学生则没有这个要求。结果，在制订了明确的计划的志愿者中，有71%的人给研究人员寄回了报告，而在没有明确计划的志愿者里，只有32%的人寄回了报告；制订计划这一种简简单单的行为，在此过程中充当了自我调控工具，在帮助达成目标这件事上扮演了重要的角色。

随着时间的推移，彼得做了更多实验，并最终意识到：只要满足一个条件，那么，针对如何实现某个目标而制订计划——亦即他所说的执行意图，其效果将会大大增强；而这个先决条件就是：制订的计划必须是"如果……那么……"的形式，即"如果出现了情况 X，那么我就做出 Y 反应"。比如，假设吉姆在地区经理到他办公室来的时候感到莫名其妙的紧张，连寒暄、问询都不会了。这种情况下，吉姆的执行意图就可以是"如果我在与地区经理谈话时感到紧张，那么我就提醒自己——我是公司里在这一地区最好的推销员，我的销售业绩从去年就开始一直在提高"或"如果我在跟地区经理交谈的时候感到紧张，那么我就先找个借口离开片刻，深呼吸，静下心来，再回去跟他继续交谈"。

从 20 世纪 90 年代初期开始，彼得及其他研究人员开展了数十个实验，旨在检验执行意图对人的影响，实验中涉及的目标也多种多样，如：使用公共交通工具，低脂肪饮食，完成阅读作业，达成新年愿望，参加工作安全培训等。在对近百项实验结果进行统计分析之后，他们发现执行意图对人的实际行为有"中等到巨大"的影响，显著提高了志愿者达成目标的可能性。执行意图能让人切切实实开始做事，"无论是记不住、错失良机还是不情愿，执行意图都能克服"。它还能帮助人们远离分心的困扰，克服成事不足，败事有余的习惯行为，在达成现有目标之后不会松懈，保持劲头迎接新的目标。

执行意图对那些无法控制自己行为的人尤其有用。在一次研究中，彼得和他的同事对 20 名正经历脱瘾状态的吸毒者进行了调查。

他们让其中一组志愿者将执行意图用在一个可接受的目标上面，那就是在当天下午 5 点之前写出一份简短的个人简历（医务人员往往鼓励戒毒者写简历，以便他们在结束疗程之后找工作时使用）。另一组志愿者也表达了写简历的意愿，但并未制订"何时何地怎样写"的具体计划。下午 5 点，10 个使用过执行意图的人里，有 8 个完成了简历，而那 10 个没有明确计划的人一个写的都没有。

像"如果遇到情况 X，那就采取行动 Y"这种简单的东西，怎么能弥补"想"和"做"之间的隔阂，帮助人们有更好的表现？执行意图与心理比对一样，好像都是作用在自发的潜意识的层面上。事实上，在制定执行意图时，我们的脑子里就把将要遇到的障碍和机会预演了一遍，从而在思想上做好应对准备。比如，上文中提到的那个想跟上司搞好关系的推销员吉姆，他就能在障碍（在本例中，其障碍是"紧张"）露头的时候立刻察觉到它，并迅速应对。他毫不费力就感知到紧张感的上升，并按照计划采取应对措施。左右他的行为表现的，正是"紧张"这个情况的线索，其过程非常短暂，就像条件反射一样。在紧张感出现的时候，他并不用费力思索如何应对，在执行意图的影响下，他不想采取行动都不行，因为这个行动的决定并不是有意识做出的，而是在潜意识中被触发的。这样一来，我们为实现目标而做的有意识的努力，就被执行意图增强了。它跟心理比对一样，以有益的方式对我们的潜意识进行规划，让我们能够更好地调控自己的行为。

在交流各自的研究工作时，我跟彼得都觉得，作为元认知工具，心理比对和执行意图是互补的。我们早已看到，心理比对在人的头脑中将愿望和事实联系到一起，从而在认知层面让你做好实现愿望的准备。那么，如果在障碍出现的时候你能投入精力，以明确的方式去应对，那样效果岂不是更好？除此之外，心理比对能让人在实现愿望这件事上变得专注而坚定，而这恰恰是执行意图发挥效力的先决条件。把心理比对和执行意图合二为一（当时随便给它编了个名字叫 MCII），在无须调动显意识的情况下，就可以把你思考的效果最大化，从而让选择愿望、实现愿望这两件事变得更简单，更有效。作为日常生活中一个实用的工具，MCII 能让你不必总为愿望牵肠挂肚，能调控你的行为，从而可以使你更有成效地投入到周围世界中去。

大家想一想，在确定了目标之后，坚持到底有多么困难。比如说，为了减肥，你打算最近两三个月里不吃甜食，但是，今天正巧是某个同事的生日，有人买了一份美味的波士顿奶油馅饼，在部门开会的时候放在了会议桌上让大家吃。也许你还记得自己的节食计划，有意识地谢绝了别人递给你的一块馅饼，但是，如果你当时正觉得疲惫或消沉呢？如果馅饼是下午晚些时候给你的，而你习惯在那段时间吃点东西呢？有意识地选择愿望和有意识地付出努力有时候是行得通的，但在棘手的情况下，当障碍出现的时候，就很难进行下去了。这时你需要一些潜意识层面的主观意识，就像执行意图。巧的是，这些棘手的情况，正是人们在做心理比对时处理过的。心理比对能在"障碍"和克服障碍所需的"行动"之间建立潜意识层面的联系。这么一说大家就能明白了，心理比对和执行意图简直就是天作之合，二者合力，比任何一个单独发力的效果都好得多。这样一来，你做好了思想准备，在障碍出现的那一刻，自发而有效地对其识别并应对。

MCII 双剑合璧真的更有成效吗？为了验证这个理念，我们对"波士顿奶油馅饼"的例子深挖了一下。我、马利克·阿德里安塞（Marieke Adriaanse）和彼得召集了一些打算改掉不健康的零食习惯的女大学生，首先让她们告诉我们，她们在下周时间里最想改掉的（尽管有些难度）不健康的零食习惯是什么。我们问她们，改正这个习惯的可能性，以及改掉这个习惯的重要性。然后，我们让一部分志愿者围绕这个愿望展开心理比对，一部分被测试者使用执行意图，还有一部分志愿者使用 MCII。

我们让这三组志愿者每天早晨醒来都将各自的思维练习做一遍，一周后我们对她们进行了回访，给她们分发了调查问卷。在问卷中，我们询问了志愿者感觉自己在克服不健康的零食习惯方面有多么成功；除此之外，我们还问她们，有多少次忍住了吃垃圾零食的冲动；与前一个星期相比，吃了几次垃圾零食。在反馈中，志愿者还表示了，这种练习是怎样帮助她们从另一个角度看待吃垃圾零食的坏习惯。最后，我们还问了她们一些问题，如她们多久使用一次在测试中学会的思维练习等。

调查结果令人惊讶。所有志愿者都反馈说，她们在努力戒掉垃圾零食这件事上取得了很大进展，这一点跟我们的预测是一致的。而且，据反馈，用过 MCII 的志愿者比只进行心理比对练习和只进行执行意图练习的志愿者取得了更多实质性的进展（见图 11）。志愿者所取得的成功，跟她们吃垃圾零食的坏习惯的顽固程度没有关系。

连那些零食恶习非常顽固的志愿者也取得了进展。那些做了心理比对练习的被测试者，不论有没有做过执行意图练习，都反馈说对自身的零食恶习看得更清楚了；而那些在心理比对之外又进行了执行意图练习的志愿者（即 MCII 组）都能把这种清晰的认知转化为实质的行动。

戒掉吃垃圾零食的坏习惯

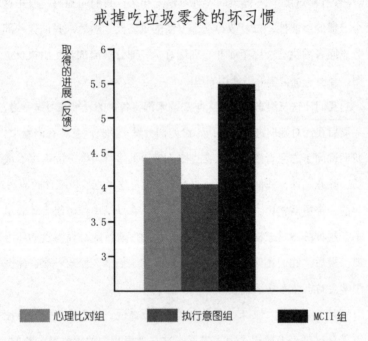

图 11：据反馈，在戒掉吃垃圾零食的坏习惯时，做过 MCII 的被测试者比只做了心理比对和执行意图的被测试者取得的进展要大一些。

WOOP：简单方法带来巨大变化

随后我开始把心理比对与执行意图融合为一种简单工具教给别人，就在那时，我突然意识到 MCII 这个名字不太好，需要换一个。接着，在一次研究中，WOOP 这个词（即"愿望、结果、障碍、计划"4 个英文单词的首字母）突然蹦了出来，我们喜欢这个词，因为它易于理解，也非常贴合 MCII 的四个步骤。作为一种工具，WOOP 符合心理学家所说的"内容中性"的特点，也就是说，它可以用于各种可能的愿望，无论是大是小、是短期还是长期的愿望都行。如果你是教授，你可以用它来开创事业新篇章，提高专业技能等；如果你是学生，你可以用它使自己的学习变得更加高效；如果你身为家长，在处理与孩子有关的棘手问题时，用它可以更有成效……任何人都可以将 WOOP 用在自己的生活中，任何目标和愿望都适用——比如与别人拉近关系、改善健康状况等。

在本书中，我将给大家一些建议，教大家充分利用 WOOP。现在，我先带领大家做一个详尽的练习。这个练习也正是本章开头所提到的那两位女士做过的，她们在短短 24 个小时之内就用 WOOP 改变了日常生活中的行为方式。

首先要记住：WOOP 跟你以前做过的那些思维练习不一样，它用到的是无拘束的幻想，而非理智或主观控制的想象。在此过程中你需要尽可能放松，这样你的思绪才能自由驰骋。下面开始：找一个清静的地方，保持身体舒适，把身上的数码用品都拿到一边，暂时远离忙碌的生活。这是多么舒心啊！要是你手头正有急事牵肠挂肚、割舍不下，那就先把这件事办完，然后再来做 WOOP。如果你是第一次做 WOOP，大概需要 15—20 分钟时间完成；随着日渐熟练，你就会变得轻车熟路，那时完成一次 WOOP 只需要几分钟或更短的时间。

下面继续：

W：愿望或心事。放松，深呼吸，想一个私人或工作方面的愿望或牵挂，虽然有些棘手，但你觉得能够达成。它可以是你打算在当天、本周、本月、本年内要达成的，只要是你想 WOOP 的愿望都可以。如果你在同一时间段内有好几个愿望，那就选一个对你而言最重要的。然后把这件事放在思考的中心。

O：结果。你实现愿望或解决心事之后的最佳结果是什么？想象一下这个结果，将它放在思考的中心。用心去思考，尽量生动形象地想象这件事的相关情况和经历。任思绪驰骋，不要有顾虑。不要着急，慢慢来，要是喜欢的话，可以闭上眼睛。做好准备之后，睁开眼睛，进入下一个步骤。

O：障碍。有时候事情并不像我们预想的那样顺利。你自身的阻力是什么？它是真实的吗？找到那个妨碍你达成愿望、解决麻烦的最严重的、内心的障碍。什么想法和行为产生了作用？是不是某种习惯或先入为主的想法？在思索障碍的时候，人们往往会在外部寻找，把"罪名"扣在他们认为妨碍了自己的外部条件或其他人的头上。不过，通过选取一个我们认为可以达成的愿望，就把外部障碍考虑在内了（要是外部障碍过大，我们就不会认为此愿望是"可以达成"的了）。这一练习的目的是防止我们在追逐梦想的路上自己绊倒自己。

　　在筛选障碍的时候，有一点很重要，那就是深挖细剖，找到那个对你来说最关键的障碍。根据情况的不同，这个障碍可能是很具体的，如"玩了太长时间电脑"；也可能是很普遍的，如"累""紧张"；可以是某种行为、情绪、观念、冲动、恶习、猜测；也可以是某种愚蠢而无用的作为。有时候，你需要开动脑筋和耐心等待才能找到真正的内部障碍，发现自己的行为或反应是毫无建树的。刚开始时，可能很难把这一过程坚持下去，因为人们都不愿真诚地剖析自己；但若是能找到最关键的障碍，就一定会有回报。这件事并不像看上去那么难，并且，很多人都觉得，在完成这个步骤之后他们会产生满足感，甚至觉得如释重负。有时候，在此过程中你还会发现一些自己从未想过或此前无法理解的东西。在找出了障碍之后，你就获得了德国人所说的 Durchblick，在这里指的是对你的愿望、心事或生活中的某个方面有了一个新的、更清晰的认识。把这个障碍放在思考的中心，然后用心思考，尽量生动形象地对其相关情况和经历展开想象。让思想自由驰骋，不要有顾虑，不要拘束思路。如果喜欢的话，可以闭上眼睛。完成上面的步骤之后，就可以进入第四个步骤了。

　　P：计划。要克服或规避这个障碍的话，你能怎么做？想出最有效的想法和行动，将其牢记于心，然后想一想这个障碍下次将在何时何地出现。接着制订一个"如果……那么……"计划："如果障碍 X 出现了，那么我就采取行动 Y。"然后将这个计划重复一遍给自己听。就这样完成了。是不是很简单？这种练习你想隔多长时间做一次都可以，只要能有个清静的地方就行。你可以在公交车上、火车上、飞机上闭上眼睛做 WOOP，在等待同事或朋友而感到无聊时也可以做。早上醒来、晚上睡前也行。把 WOOP 养成习惯。当然，在压力大的时候，在事情棘手而解决办法尚不明朗的时候也要用到它。

上面介绍的 WOOP 是在想象中进行的，你也可以用书写的方式来做 WOOP：

找一张白纸，用 3 到 6 个词把你的愿望写出来，再写下这个愿望的最佳结果（同样用 3 到 6 个词）。然后，让你手里的笔随着思想走，想到什么就写什么，用多少纸都没关系。想象一下达成愿望的关键障碍，同样是笔随心走。在制订计划时，首先写下一个你为克服障碍而采取的特定行动，再写出你认为这个障碍下次出现的时间和地点。最后写出"如果……那么……"计划，"如果障碍 X 出现了（时间地点），那么我就采取行动 Y"。然后大声读一遍给自己听。

在制订"如果……那么……"计划时，有一个常犯的错误，那就是保留了"如果……那么……"的框架，却用其他内容替换掉了前三个步骤中的 WOO。比如，一个律师想在法庭上表现得更加自信，那他的"如果……那么……"计划就不能是"如果我能提高嗓门反驳对方律师，那么我就能打赢官司"。记住，你要制订的计划取决于障碍或情景：如果障碍或特定场景出现，那么就采取以目标为导向的某种行动。因此，这个律师的计划应该是，"如果在对方律师反驳我时我觉得不安，那么我就提醒自己——我的本事一点都不比她差"，或"如果在法官询问我的陈词时我觉得惊慌，我就提醒自己——他以前主审过我代理的 3 个案子，我都赢了"。

不管是什么样的时间安排，还是什么样的愿望，WOOP 的作用是一样的。在制订"如果……那么……"计划时，你不仅可以计划在障碍出现时如何克服或躲开它，还可以制订计划预防其出现。比如，一个学生认为她的障碍是在高三学期末学习劲头全无，她想预防这个障碍出现，那么她的"如果……那么……"计划可以这样写："如果我走进教室（情况），那么我就专心听课（行动）。"大家还可以制订"如果……那么……"计划来利用机会解决问题，比如，一个学生想抓住所有机会来保持学习的恒心和毅力，直到高三学期末，那么她的计划可以这样写："如果今天下午我上网了（情况），那么我就查找一些心仪的大学的相关信息（行动）。"

不要认为只是在觉得纠结或认为自己需要做出改善的时候才能使用 WOOP，其实生活中的各个方面都可以使用这种工具。比如，一份好工作的候选人或一名学校的优等生，他们都可以使用 WOOP，不仅可以用来克服害怕失败的恐惧心理，克服任何可能妨碍他们发挥全部潜力的心理障碍，还可以使自己变得更有创造力，更有成效。同时，在使用 WOOP 过程中，人们还能对各自的愿望进行调整。在进行 WOOP 时，也许你会发现某个你原以为虽然棘手但可以达成的愿望其实是根本无法实现的。在你与障碍"面对面"时才发现，障碍比你原先想象的难度更大，代价更高。通过这种方式，WOOP 同样是在帮助你做出最佳选择，因为它能使你从不能达成的愿望中抽身而出，转而把注意力放在那些能够实现的愿望上。

在使用 WOOP 时，你永远都不知道最后会有什么发现。由于人们极少会从正面看待各种障碍，所以，WOOP 往往会激起人的情感反应。在本章开头时我曾提到，我曾与一组明尼苏达州的学校辅导员共事，大家还记得吗？其中有位辅导员名叫科林，当时 30 岁，她对我说，她的愿望是在一年半的时间里跟爱人大卫一起买栋房子。"我想最终有一个自己的家庭，还有孩子。"科林如此说道。在我让她想象一下这个愿望的最佳结果时，她说是跟大卫有一个健康快乐的孩子，像个正常家庭一样生活在一起。

在寻找障碍这一环节，科林遇到了不小麻烦。她的脸色变得凝重起来，转头看着远处，很长一段时间之后才开口说道："我想，我的问题是，不想再跟我长大的那个家再有联系了，一想到自己的身份不被家人接受，我就很难受。我正打算买一栋房子，拥有自己的家庭生活。我觉得，我会选择一种自己热爱的生活方式。我想在明尼苏达生活，在这里终老。我真是这么想的。"我让科林选择一个关键的障碍，她选的是，由于明尼苏达不像芝加哥那样繁华，因此会使得她产生某种焦虑感。她的"如果……那么……"计划是这样的："如果我因为在明尼苏达定居这件事而感到焦虑或紧张了，我就提醒自己——我跟大卫组建了一个健康的新家庭，并且，我在这里有自己的人际圈子，他们都很关心我，我从中获益良多。"

写作本书时，我不知道科林的愿望是否已经实现了，但我知

　　道，当初在她离开时，她对自己的情况有了更清晰的了解。她原先的矛盾心理消失了，而且她有了一个克服内心障碍的计划。除此之外，她还有了一个简单易用的工具，她可以每天用一次，甚至一天之内用好几次；在它的推动下，她就离那个棘手但可达成的愿望越来越近了。

　　在使用 WOOP 的时候，你能领会到什么？ WOOP 能将你带向何方？如果你跟很多人一样，你就会发现，有时候愿望就在眼前，却很难实现。现在你有机会唤起潜意识，全力以赴去实现某个目标；有机会发现长久以来阻碍你的到底是什么，如何克服这个障碍；有机会更好地融入周围世界，结交周围的人……那么，你还在等什么呢？

反惰性
Rethinking positive thinking

———————————————

第七章

应用：WOOP 可以改变你的人生

虽然WOOP工具非常简单，但它却具有神奇的魔力。为了明确该工具的使用范围，厄廷根教授开展了广泛的实验，其所涉及的领域包括健康、学习、人际关系等。在长时间、高频次的实验中，WOOP都展示了非常明显的效果，从而证明它能帮助人们克服生活中的各种困扰以及焦虑，并提升每个人的行动力。显然，借助于WOOP，人们就可以摆脱惰性的拖累，进而更加容易地实现自己的愿望。

如果你对 WOOP 仍然心存怀疑，这是可以理解的。很多流行的自助类、成功学类书籍都信誓旦旦地对读者说，书里的内容能让他们变得更健康，人际关系更和睦更牢固，找到新的赚钱机会，或实现其他愿望。显然，WOOP 的特点也许会令大家对这个工具产生怀疑。因为它不需要费力学习，不用耗费太多时间，没有副作用，其效果立竿见影，不需要培训师或专业人士的辅助，并且适用于任何愿望。因此大家就会疑惑了：这么简单易行的方法真的有效吗？

在我向教师、医疗服务人士、学校辅导员等人宣传 WOOP 时，他们有时候会对我说，他们在日常生活中早就使用过类似心理比对的思维练习，但见效甚微。然而，他们真的使用过吗？值得一提的是，虽然心理比对是一种直观行为，但我们的研究显示，在缺少明确的意图和不知道操作方法时，很少有人能自发使用这种工具。

在一次研究中，我和蒂姆尔·斯文瑟问了志愿者一个问题，以此来唤起他们的愿望："大多数人都很看重成就，往往非常关注自己的工作业绩和学习成绩。你最牵肠挂肚的、与工作业绩或学习成绩有关的愿望是什么？"随后，我们按照一种严密的内容分析方法对志愿者的回答进行了分析。结果显示，只有 9% 的志愿者自发地使用了心理比对，而有 36% 的人只幻想了乐观的未来，24% 的人只想着眼前的现实因素，11% 的人做了逆序比对，20% 的人想的是其他事。我们连续做了三次研究，结果显示，只有 16% 的志愿者自发使用了心理比对，而只想着美好未来的人高达 40%。

　　这是情有可原的：大家都知道，与心理比对相比，乐观的幻想会令人心生愉悦，并且不需耗费什么脑力。我们的研究显示，在能够自发地进行心理比对的人里，有一部分人是在感到伤心的时候用到过心理比对，因此他们能够更敏锐地感知到迫近的麻烦；还有一部分是在有必要针对愿望立刻采取行动时用到过心理比对，比如那些喜欢思考挑战性问题的人。不过，总体而言，大多数人在日常生活中不会自发使用心理比对。为了获得心理比对的最大效果，你需要有目地将 WOOP 用到潜在的愿望或面对的情况上面。事实上，我们曾就心理比对的大脑反应做过研究，结果显示，在进行心理比对时，大脑中负责意志、记忆及生动的整体思维的区域会异常活跃，这种情况，与人在正常休息状态或仅仅幻想未来情景时是截然不同的。

　　如果你把 WOOP 用在日常生活中，你会发现它真的是有用的。过去 10 年里，我跟同事曾检验过 WOOP，测试的对象来自多个不同的文化和政治经济背景，年龄各异，男女皆有，其愿望也多种多样，所处的环境也各不相同。我们既通过当面进行调查，也会通过网上调查，一遍又一遍，我们总是发现，与传统的思维调整方法相比，或与不使用任何干预手段相比，WOOP 能让人更明智地追逐愿望，也能取得更好的长短期效果。如果你想要一个已经被证实有效的方法来调控精力，从而能够更有成效地去实现愿望，又或者你想要一个安全、经济、易用的思维调整方法，WOOP 就是你的最佳选择。

锻炼与饮食：用实际行动提升人们的健康水平

现在，有很多健康有问题的人，其疾病至少部分上与其行为方式有关。据统计，在美国，"至少有 75% 的医疗费用是花在了慢性疾病上面"，如糖尿病、心脏病、高血压、癌症等。这些慢性疾病往往源于他们在日常生活中所做的各种选择。"心脏病和中风分列第一、第三位，全美每年的死亡人数里，有 30% 是死于这两种病。"其根源是一些顽固的恶习。人们常常是通过补充营养、运动、戒烟等方法来提高健康水平，却发现在 3 分钟热度之后渐渐没有了效果。比如，在自发地开始锻炼的人里，有半数在 6 个月之后放弃了。那么，WOOP 能帮助治疗或预防慢性疾病吗？能帮助人们更好地处理难愈的外伤并康复如初吗？能帮助人们戒除酒瘾或烟瘾吗？我们的研究表明，都是可以的。

最初，我想知道如何才能更好地激励人们接受健康的行为方式，21 世纪伊始，我就对卫生健康领域进行了研究。当时德国一家大型的医疗保险公司找到我，我、哥特劳德·斯塔德勒（Gertraud Stadler）、彼得三个人跟这家公司合作，在该公司的用户中找到一些年龄在 30—50 岁之间的女性患者，让她们参加一项关于维持健康生活方式的研究。我们一共召集了 256 名志愿者，并随机将其分为两组：一组做 WOOP，并收到与规律的体育锻炼和健康饮食的重要性、可能性有关的详细信息；另一组只收到以上信息，而不做 WOOP。接着，两组志愿者都参加了一项测验，确保她们能够理解健康生活方式的益处。

在测试的一个环节里，我们将 WOOP 这种工具教给 WOOP 小组的志愿者。我们要求她们将 WOOP 用在多锻炼和健康饮食的愿望上面。首先，我们让她们选择想要采用的锻炼方式，并鼓励她们找到自己最畏惧的障碍。我们教这组志愿者建立三种"执行意图"。第一个"如果……那么……"计划旨在帮助她们克服在心理比对过程中想到的障碍，如"如果我觉得没有时间出去轻松地散步，那么我就提醒自己：出去活动活动，我就会变得更高效了"。第二个"如果……那么……"计划旨在帮助她们克服这个障碍，如"如果到下午 5 点，那么我就收拾东西离开办公室去锻炼"。第三个"如果……那么……"计划旨在帮助她们寻找行动的好机会，如"如果明天天气晴朗，那么我就去公园里慢跑半个小时"。同时，我们让志愿者制订了有关锻炼的长期愿望和未来 24 小时的眼前愿望。此外，被测试者还围绕健康饮食进行了上面所述的各个步骤。图 12 和图 13 分别是把 WOOP 用在针对锻炼和健康饮食的未来 24 小时眼前愿望上的例子：

WOOP介入

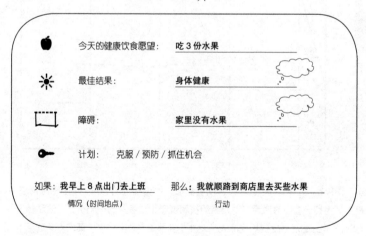

今天的锻炼愿望： **傍晚跑步**

最佳结果： **感觉身心舒畅**

障碍： **下班回家后很累**

计划： 克服 / 预防 / 抓住机会

如果：**7 点到家时已经很累**　　那么：**我仍要换上跑步鞋出去跑步**
　　　　情况（时间地点）　　　　　　　　　行动

图 12：通过 WOOP 制定的 24 小时内的体育锻炼愿望，其中包括一个"克服障碍计划"。

WOOP介入

今天的健康饮食愿望： **吃 3 份水果**

最佳结果： **身体健康**

障碍： **家里没有水果**

计划： 克服 / 预防 / 抓住机会

如果：**我早上 8 点出门去上班**　　那么：**我就顺路到商店里去买些水果**
　　　　情况（时间地点）　　　　　　　　　行动

图 13：通过 WOOP 制定的 24 小时内的健康饮食愿望，其中包括一个"克服障碍计划"。

　　我们要求志愿者坚持写日记，记录下她们每天的锻炼情况和吃水果、蔬菜的数量。为了测量她们的长短期进展，我们记录了她们的基准情况，并在一周、一个月、两个月、四个月、两年之后分别做了回访。此项研究的结果令人惊讶：做过 WOOP 志愿者，其锻炼的时间是只收到基本健康知识的志愿者的两倍，其成效始于 WOOP 介入之后一周，并一直持续了四个月的时间。

WOOP介入4个月后的锻炼情况

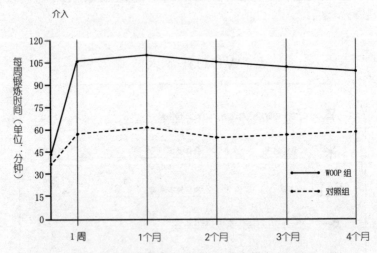

图 14：据 WOOP 组的被测试者反馈，她们每周的锻炼时间比参加研究之前多了大约一个小时。而与对照组的被测试者相比多大约一个小时。这种情况在 WOOP 介入之后就立刻显现出来了，并一直持续到研究结束（即四个月之后）。

与此同时，WOOP 组志愿者吃的水果和蔬菜也比对照组多，并且，随着时间的推移，这一效果越加明显。两年后，对照组的志愿者平时吃的水果、蔬菜数量基本上与参加研究之前是一样的，而WOOP 组志愿者自发吃的水果、蔬菜数量有了明显增加——尽管我们在四个月至两年这段时间里并未联系志愿者。

2年之内的健康饮食情况

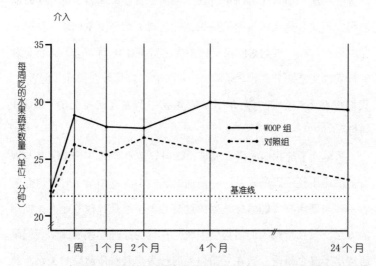

图 15：据 WOOP 组的被测试者反馈，她们比参加研究之前，吃的水果蔬菜多了。这种情况在 WOOP 介入之后就立刻显现出来，并一直持续到研究结束（4 个月之后）。在两年之后的一次回访中我们发现其效果依然存在。在此期间，WOOP 组的被测试者在健康饮食方面保持得不错，而对照组的被测试者的情况又回到了基准线附近。

众所周知，适度的体育锻炼加上健康的饮食能帮助人们控制体重，舒缓压力，减少患上某些癌症的概率，避免患上心脏病、Ⅱ型糖尿病，改善睡眠质量……因此我们的结论是：WOOP 能给人的身体健康带来长远的益处。

虽然如此，我还有件事要提醒大家：两年之后，WOOP 组志愿者的体育锻炼情况就与对照组志愿者没什么不同了，这是为什么呢？我们认为，也许与健康饮食相比，把体育锻炼坚持下去的难度更大一些。一次一小时的 WOOP 思维练习可以促使你坚持锻炼几个月的时间，但是若想获得持续的效果，你就得不断重复 WOOP。其他研究也显示，在一年的时间段里，多次进行 WOOP 练习会让人将显著的行为改变维持下去。幸运的是，WOOP 很容易整合到日常生活中。我们将在下一章向大家介绍如何养成一个强大而持久的"WOOP习惯"。

为全面了解我们的研究成果，就很有必要了解一下 WOOP 与现有的健康干预手段的联系。在前面的实验中，我们给了对照组志愿者一些与健康有关的信息，因为这是心理学家及其他专业人士惯用的方法，旨在帮助人们活得更健康。在行为心理学领域，学者们早已得出了多个结论，旨在弄明白人的行为与其身体健康的关系，其中比较著名的有"保护动机理论""社会认知理论""理性行为理论""计划行为理论"等。与 20 世纪初爱德华·托尔曼（Edward Chase Tolman）做的白鼠实验一样，这些理论普遍认为，为了改变某人的行为，就需要采用以下 3 种方法中的一种：1. 改变此人对某种行为（如饮食或锻炼）的态度，从而让此人看到这种行为的价值所在；2. 改变此人所感受到的、关于健康行为方式的需求或社会压力；3. 帮助此人获得更多与健康生活有关的知识和信息，并提高此人对自己能够活得更健康的能力的信心。根据这些理论，人对自己的行为是有控制力的，而对这种控制的态度、社会规范、知觉进行调整的话，就能使此人为自己设定健康目标，此举反过来又会增加此人体育锻炼的概率。

问题是，使用这些理论往往不会使得行为真正发生改变。以体育锻炼为例：有关研究曾对旨在达到上面所述3种效果的26种行为改变理论做过统计分析，结果发现，它们几乎无法使人从事更多的体育活动。

还有些研究旨在通过改变人对自己的看法，或让人明白，其各类目标很可能是彼此冲突的，以此来改善其行为方式。比如说，有些针对酒瘾的心理治疗方式，就是在帮助酗酒者明白：他们以为每天喝两杯酒很正常，其实这种观点是错误的，每天两杯酒其实超过了正常人的平均饮酒量。在此情况下，酗酒者就会认为自己的饮酒习惯是不正常的，继而减少饮酒量。或者，心理顾问或心理医师在治疗一个酗酒者时，会帮此人明白一个道理：她过度饮酒的习惯与"成为一个好母亲或受人敬爱的专业人士"的目标相冲突。于是，在渴望实现这些目标的鞭策之下，她就会减少饮酒量了。

在健康领域之外，心理学家们同样是通过调整人们的目标来改变他们的行为方式。比如说，在教育领域，卡罗尔·德韦克（Carol S. Dweck）的观点就是：让人相信自己可以改变、可以成长，那么，他们就会把学习作为目标，而不是表现。此举会帮助他们抵挡消极的反馈，学会坚持。比如，一名学生想成为优等生（表现），那么他在遭遇挫折时就会对自己产生怀疑，他会放弃原来的目标，因为他害怕不被人当成优等生看待。然而，按照德韦克的理论，一名把学习作为目标而非表现的学生，在遭遇挫折时就会更有"弹性"。他们会对自己说："哎，真有意思，我可以把这个消极反馈利用起来，帮我在将来学更多的知识。"

工业心理学家和组织心理学家在改变人的行为方式时，采用的是另一种方法。他们说，人应该集中注意力制定 SMART 目标——亦即明确的、可衡量的、可达成的、有重大意义的且有时间限制的目标。这个理论的雏形是由埃德温·洛克（Edwin Locke）和加里·莱瑟姆（Gary Latham）最先提出的。他们认为，与简单而模糊的目标相比，困难而明确的目标更能刺激人在既有工作任务上的表现。比如，如果你某一天的目标是"尽最大努力"，那你当天的成就就远不如"把产品展示会的 75% 的工作做完"或"给 20 位客户打电话"这样的目标。

需要重点说明的是，以上所有方法关注的，都是在一定程度上改变人的认知信念或目标系统。WOOP 则不需要这样，它不是要改变人在显意识里对以下 3 件事的看法：1. 锻炼的价值；2. 与正常人相比他们的运动量有多少；3. 他们不愿动弹的行为对他们的其他目标会有何种影响。我们也不是要改变人们对自己的学习、成长能力的信念，不是强迫他们接受学习目标或一些特定措辞的、棘手的目标。我们要做的是，帮助他们确定愿望，并在想象中"体验"一下；通过明确的想象过程，就能触发那些能强化动力的潜意识。WOOP

不是现有健康行为方式的替代品，而是其补充。为了取得成效，WOOP 依仗的是人们的显意识信念，从而可以理智地实现愿望。另外，通过自发地唤起人的认知、情感和行动，WOOP 能帮助他们更好地利用其关于愿望（如吃得更健康、锻炼得更多）的乐观态度和对成功的高期望值。

跟传统方法不同的是，WOOP 还能帮助人们及早从不切实际的愿望中抽身而出，转而去追逐更明智、更实际的目标。使用我们的理论，一个超重的人就会放弃"1 年内去跑马拉松"的愿望，转而追逐"半年内减掉 10 千克体重"的目标。如此一来，这个人就能更专注于能达成的愿望，从而更有可能取得进展。

戒烟与戒酒：去除不良嗜好的高效手段

到目前为止，我已经阐述了 WOOP 可以帮助人们预防慢性疾病、减肥、吃得更健康。比如说，如果你正受慢性疼痛的煎熬，WOOP 就能让你更多地参加体育活动，接受其他康复手段，从而更快地康复。我曾跟同事在一家康复诊所里召集了 60 名慢性背痛患者，让他们试一试 WOOP 是否有效。根据正规诊断，这些患者的背痛至少已经有半年时间，而他们的医生也无法找到病因。针对这种状况，标准的治疗方式是为期 3 周的集中理疗，分享与疼痛有关的信息，教给他们放松的技巧。

　　我们将这些患者随机分为两组：一组接受标准治疗，另一组在接受标准治疗的同时还使用了 WOOP。我们花了 1 个小时，一对一地将 WOOP 教给了第二组志愿者。在第一个环节里，他们首先针对"加强锻炼"这一愿望展开心理比对：对此愿望的最佳结果进行乐观幻想（如"生活得更有乐趣""与人快乐相处""更加独立"等），再想象实现愿望的障碍（如"太疼了，不敢动弹""我怕运动会造成伤害""我怕一动背痛就加剧，又得多吃药"等）。

　　在第二个环节中，被测试者通过不同的认知行为技术找到各自克服障碍的方法。完成以上分析之后，被测试者用 5 分钟时间制定了执行意图。比如，一位志愿者的目标是"通过锻炼来克服疼痛"，而他认为"怕疼"是自己的障碍，那么他的执行意图就是："如果我害怕伤到自己，那么我就提醒自己，运动对治疗背痛是有好处的。"另一位志愿者说的是："如果现在是周一或周三下午 5 点，那么我就下班后去健身房里锻炼。"

　　21 天过后，他们的理疗结束了，我们对他们进行了回访，在 3 个月之后再次进行了回访，用同一种标准测试检查他们的身体情况。测试有一项是让他们在两分钟时间内尽快将 5 千克重的盒子举过不同高度。3 周之后，WOOP 组志愿者在两分钟时间内平均完成了 35 次，对照组志愿者平均不到 30 次。3 个月之后，对照组志愿者的表现开始下滑，而 WOOP 组志愿者仍在进步，平均达到了 40 次，几乎是对照组的 2 倍。这里要提醒大家的是，以上数据不是志愿者自己反馈的，而是得自专业医疗服务人员的客观测量。

　　我们将 WOOP 介绍给中风患者，以加强他们在康复过程中的锻炼，同样取得了令人惊喜的效果。我们在德国一家康复中心召集了201名中风患者（其中大多数是男性），并将其随机分为三：第一组接受标准的中风康复治疗（分享如何降压、如何预防再次中风的知识）；第二组接受同样的治疗，但更有条理，也更复杂一些；第三组不仅接受更有条理的标准治疗，还使用了WOOP。

研究开始之后，我们每两个半月就对志愿者回访一次，一直持续了一年时间。一年后，WOOP组志愿者反馈说，他们每周的平均锻炼时间为170分钟，是第二组志愿者的2倍，比第一组志愿者多50分钟。更有意思的是，WOOP组志愿者在这一年时间里平均减掉了4.6千克体重，而另外两组志愿者或稍微增加了一点体重，或只减掉了0.5千克体重。再一次证明了，WOOP能激励其使用者克服障碍、采取适当有益的行动，帮助他们改善了欠佳的身体状况。

有时候，人们的健康状况的改善并不是因为采取了建设性行动，而是因为克制住了某些恶习。比如，吸烟是导致"可预防性死亡"的最大诱因，据统计，吸烟"每年导致44万人死亡，平均每5个去世的人里就有一个是死于吸烟"。酗酒的危害同样不容小觑，"54%的内外疾病由其引发，包括口腔癌、喉癌、食道癌、肝癌、结肠癌、乳腺癌、肝炎，以及其他心血管、神经、精神、肠胃疾病"。大学生酗酒现象非常猖獗，导致学习成绩不佳、性侵犯及其他问题。

我们想看看WOOP能否用于降低酗酒程度，于是就召集了72名打算少喝酒的大学生（将其随机分为两组）。首先我们让他们填了一份调查问卷，自述一下他们上周喝了多少酒，以及他们的饮酒行为是怎样的；然后让他们评估少喝酒对他们的重要性；接着，让他们确定自己最想改变哪种与饮酒有关的行为，且这种行为是能够改变的。他们的回答有"我想以后每次喝酒时都少喝一些""我再也不喝那么多了，第二天都记不得前一天晚上的事了"等。他们同时还幻想了少喝酒所带来的最佳结果，如"第二天更有效率""省下一笔钱"等。然后，他们又想象了妨碍他们少喝酒的事实因素，如"同学们都来劝酒""显得不合群"等；最后他们想象的是能够克服上述障碍的行为，如"拒绝他们""要果断"等。

接着，我们让其中一组志愿者根据前面他们想象的愿望、结果、障碍、克服障碍的行为等因素使用WOOP，另一组志愿者做的是结构上与WOOP相似的思维练习，但针对的是某个不相干的主题：在学校里与老师相处愉快的经历和相处不愉快的经历。一周后，我们对所有志愿者进行了回访，统计他们在过去7天时间里喝了多少酒。结果显示，WOOP组志愿者明显喝得少了——平均喝了1.8次酒，而对照组志愿者平均喝了2.5次酒。本次研究表明，只需要一次快速的思维练习，那些打算改变某种不健康行为方式的人就能被激发出活力，并切实有所收获。

想象一种你自己与健康有关的行为。你今后想强化这种行为，多多益善，或是相反，比如，吃得更健康、少吸烟、多去户外活动、遵守医嘱吃药、每晚睡8个小时等。试试WOOP，把本书介绍过的模式用在你这个与健康有关的愿望上面。要保证你选择的这个愿望是可能达成的（尽管有点困难），你可以设定一个时间段来使用WOOP，如几天、一周、一个月，也可以每天都用，甚至一天之内使用数次。记录下你有益的行为的频率（或不做有害行为的频率），如果可以的话，也用同一种客观的计量标准把你的进展记录下来，如减掉的体重、跑步的里程、消耗的热量、吸烟的数量等。在你设定的时间段结束时，审视一下你最近的行为方式以及你使用的计量标准。你的行为方式是正朝正确的方向改变吗？你取得了有意义的进展了吗？相信你一定会有令人惊喜的发现。

情感问题：如何让对方爱得更疯狂

我们的研究还证明了，WOOP 在处理人际关系和工作方面的愿望时同样有效。我跟同事曾研究过 WOOP 是否能够帮助人们减少恋爱中的不安全感。很多人都有过这种经历：不知道对方是否像自己一样爱得狂热，并对对方的某些言行感到焦虑。在这种不安全感中，一些无害的行为——如没有如期打电话、为未能赴约编造借口等，都会恶化为争吵、长期矛盾，甚至威胁到二人的关系。这种不安会反复出现，笼罩在心头，久久不散，这个人会变得非常痛苦，以至于怀疑对方那些抚慰的言语的真实性。

我们召集了 127 名大学生（他们都有过至少 3 个月的恋爱史）参加了有关"恋爱中的思想、感觉和行为"的研究。我们把他们召集到实验室里，让他们想象一个由不安所导致的行为，这种行为是习惯性的，是他们想在下周戒除的，也相信自己能将其戒除的。志愿者所列的行为有"总是打电话查问他的行踪""问她这几天是跟谁一起过的""查看他的电子邮件和 Facebook""翻看他的通话记录"等。此外，我们还让他们回想了这种行为出现的频率。然后，我们将志愿者随机分成三个小组：WOOP 组，逆序比对组，虚设组。

接下来，我们并未让他们自由填写"如果……那么……"计划中的行为策略，而是给他们指定了一种行为策略：把不安出现之前的事情继续做下去。志愿者拟定的"如果……那么……"计划有"如果我起了疑心，那么我就继续把手里的事干下去""如果我吃醋了，那么就继续做之前的事"等。这么做的目的是帮助志愿者积极地把那些会导致他们产生不安行为的感觉消解掉，从根源上杜绝此行为的出现。我们知道志愿者也能自己制定有效的行为策略，但按照我们指定的行为策略，他们就能不受刺激因素的影响，继续手里的事情；而此前的研究已经证实，这种行为策略是有效的。

第一环节结束后的 7 天时间里，我们每天都给所有志愿者寄出一封电子邮件，邮件里是一个在线调查的链接，每项调查都是根据其所在的小组量身定做的。WOOP 组志愿者要重建他们 WOOP 练习中的各个因素，逆序比对组志愿者详细描述其逆序比对中的各个因素，虚设组志愿者重申他们想要加强或减弱的行为方式。7 天过后，我们把所有志愿者召集到实验室里。他们都反馈说，比起上周，他们的不安感觉少了很多，而 WOOP 组的志愿者的不安感觉的减少程度，几乎是其他两组人的 2 倍。此外，与另外两组志愿者相比，WOOP 组志愿者对恋情的感觉更坚定了。

学习和工作：效率决定成功的概率

在我与同事所做的其他研究中，我们开始检验 WOOP 在学习和工作方面的用处。这些研究的结构与上述研究是一样的。安吉拉·达科沃斯（Angela L. Duckworth）曾牵头对高中和初中学生做过研究，我们发现，在暑假期间所做的"学业能力倾向初步测验"的实践问题上，WOOP 组志愿者比对照组的多完成了 60 道题。在那些为了孩子的学习焦头烂额的家长眼里，这个效果很惊人。在德国开展的第二次研究中，家长们反馈说，他们上初中的孩子在使用了 WOOP 之后，在两周里，完成的作业量比以前多了；更显著的是，不论该生有没有"注意力缺陷多动障碍"，这种效果都是一样的。第三次研究的对象是一些美国低收入家庭的初中生，我们发现，与对照组的学生相比，用过 WOOP，并持有 WOOP 备忘卡（图 16）的学生，其平均分数和到课率都有了提高。考虑到低收入家庭的孩子的可支配资源有多么少，他们的生活有多么艰难，这些研究结果表明，孩子们可以用 WOOP 作为一种新工具，来提高他们的成功概率。

我们的另一项研究是检验 WOOP 能否在工作上赋予成年人持久的活力。实验证明，WOOP 能帮助卫生保健提供者在棘手的工作条件下减少压力，并提高他们对工作的投入程度。研究开始 3 周后，据志愿者反馈，他们的身体和精神的压力水平比对照组明显下降了很多。在此期间，对照组志愿者对工作的投入程度降低了，而 WOOP 组志愿者对工作的投入程度更高了。此后，我跟同事们继续研究 WOOP 在不同背景条件下、对不同愿望的有效性。在本书写作

WOOP介入

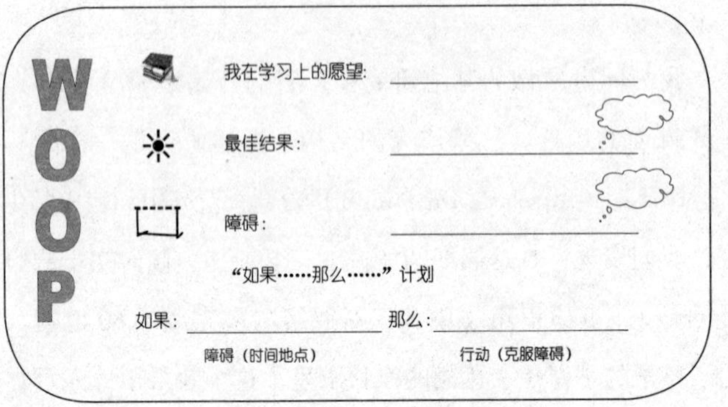

图 16：供学生使用的 WOOP 备忘卡。

期间，我们研究的对象包括：马拉松选手、职业赛艇队员、做复杂决定时有困难的人、觉得孤独焦虑的人、面临人生转折的人等。因为 WOOP 是内容中性的，故而基本上可以用在生活的各个方面，如团队协作、消费习惯、学习、择业、选择早餐内容……我们在研究中探索的领域越多，对 WOOP 的应用范围和效果的理解就越深。经过 10 年的研究之后，我们所得出的初步结论是清晰明确的：作为一种能力和努力的调控工具，WOOP 具有巨大的潜力，适用于各种人的各种情况，无论是穷是富，在学校还是在职场，在美国还是在欧洲，都是一样的。很多流行的自助项目和自助策略都没有经过科学验证。如果你在生活中有想要改变的地方，或有想要锦上添花的地方，我们强烈建议你把流行的积极思维放在一边，先试试 WOOP 再说。大家再想象一下 WOOP 的社会意义。我们都知道，个人管理生活的难度是很大的，所以才常常依赖政府或政策制定者来规范人的行为。通过法律、制度，我们试着让人吃得更健康、远离毒品、努力工作、更顾家。WOOP 虽然不能替代法律和制度，但它可以充当补充工具，让个人向好的方向调控自己的人生。WOOP 绝非万能药，但大家想象一下，如果千千万万的人都能把 WOOP 变成习惯，那我们这个不完美的世界将会改善多少？如果能让千千万万的人都吃得更健康、多锻炼、少吸烟，那我们能挽救多少生命、节省多少金钱？如果能让千千万万的夫妻更理性、更和睦地相处，那我们能拯救多少婚姻？如果能让千千万万的员工压力更小、在工作上投入更多，那我们的经济将会多么繁盛？如果孩子们都能好好学习、积极地奔向正确的事业道路，我们的世界将会变得多么美好？

　　序幕才刚刚拉开。

反惰性
Rethinking positive thinking

第八章

指南：如何使用 WOOP 这只 "导盲犬"

尽管 WOOP 工具非常简单，但依然存在一些注意事项。因此，为了方便人们使用 WOOP，发挥该工具的最大潜能，厄廷根教授针对一些关键点，特地给出了切实的建议。如果你能牢牢掌握这些建议，并养成一些习惯，那么 WOOP 这只生活"导盲犬"就能为你提供助力。

　　本书把大家带进了研究内心动力的新世界，引领大家对积极思维有了更广、更深的思考。到目前为止，我们已经探究了传统积极思维的局限性，解释了为什么积极思维并不像大家认为的那样有效，介绍了心理比对这种思维练习，通过实验证实了它的有效性，阐述了我们把心理比对升级为 WOOP 这种实用工具的历程，并向大家展示了人们是如何通过 WOOP 成功解决了棘手的问题或帮他们实现了愿望。接下来，我想探索一下 WOOP 的使用经验，为大家奉上一系列指南，帮助大家在生活中富有成效地使用它。这些指南不仅源于本书所述的那些研究，还源于我在欧美两地各种背景下传授 WOOP时的经验。

　　看到科学研究已经证实了 WOOP 的"本领"，大家也许会以为 WOOP 是一条捷径，是在紧急情况下吞服即可见效的"小药片"。的确，我们研究中志愿者在仅仅试过一次 WOOP 之后，就表现出了重大的、长期的行为变化，如多吃蔬菜、多锻炼、少喝酒等。不过，WOOP 绝非应对某个特殊的心事或愿望的一次性用品。若能在长时间内坚持每天使用，WOOP 不仅会帮你解决问题、实现愿望，还能让你过上均衡、有意义、幸福的生活。

我喜欢把 WOOP 比作导盲犬，而你和我都是盲人——我们懵懵懂懂开始了一天的生活，却不知道自己是谁，不知道自己想要什么，也不知道前面会遇上什么阻碍。我们在不能立刻达成愿望时，往往会编造这样那样的借口，而这样只会让我们在歧路上越走越远，所以我们才会走进死胡同，一次次碰壁，却没有丝毫进展。我们还会陷入愿望的泥坑，把自己困在执迷不悟的想法里。我们会想"我得做 X""我得先做完 Y，才能去做 Z，然后发现我做 W 是不合适的"等。

就在这时，WOOP 这只毛茸茸的小导盲犬出现了。它不在情绪和思想上跟 W、X、Y、Z 纠缠，它不提供特定的解决方式或结果，它是一个过程，帮你找到自己的路。如果能花点时间跟 WOOP 熟悉起来，"喂"给它想法，给它关注，那它就能一直给你引路，帮你做决定。从此以后，你再也无须摸索着蹒跚前行，而是更安心、更有把握的前行。你再不会感到孤独，因为你身边有了一个忠实的伙伴，你去哪里它就跟到哪里。在你思考中或做事时陷入歧途时，WOOP 会把你拽回正轨。从此你就可以稳步发展、稳步成长，更投入地生活在这个世界上。导盲犬能让盲人走出家门，过上充实的生活，WOOP 也可以。它是你人生的可靠伴侣，不论你是 8 岁还是 88 岁，都是如此。

在你渐渐将 WOOP 融入生活中之后，就会发现自己越来越擅长使用它，将它用在不断变化的需求、挑战和生活状况中。起初，你用 WOOP 设定的愿望可能已经实现，也许未能实现，都没关系。在连续使用 WOOP 的过程中，你会渐渐洞悉路途中潜在的障碍，继而你会发现，那些愿望并不现实，或并不像你想象的那么令人满意，或与你其他的愿望相矛盾、相冲突。你此前未考虑过的新愿望或目标也许会浮现出来，似乎更诱人。旧愿望中的某些部分也许会留下来，其他部分似乎会消散掉，因为后者"事倍而功半"，付出和收获相差悬殊。你可以不把 WOOP 仅仅用在迫切的愿望上面，而是应用于日常生活中小一点的挑战上。你也许会发现，你的愿望是好的，那些障碍都是可以克服的，但你选择的时机不对，你克服障碍的方法也不对。

当然你会对自己的愿望和心事，以及生活中妨碍了愿望成真的因素有更清晰的了解。那些强迫观念将会烟消云散，你将踏上一段探索的旅程，而它也将在同一时刻影响到你人生的诸多方面。你将会去追寻真正的愿望，那些与你产生共鸣并能够达成的愿望。你将感到更坚定、更周全、更镇静、更心安。并且，你将会对即将到来的一切满心激动。这就是科学的魅力，这也是我个人的 WOOP 经验所证实的东西。

起点：从隐藏在心底的凤愿开始

大家已经对 WOOP 有了基本的了解，那么，该如何使用它呢？答案就是：不论什么情况，都从起点开始。我接触到的很多人都发现，使用WOOP，最好从一个"冬眠"的，或在显意识里被挤到角落里的"顽固"的愿望开始。每个人都有各自微妙而复杂的愿望，我们为之狂热，却不敢仔细去想。也许我们渴望换一份工作，却不敢想它，以为我们害怕辞掉现有的工作；也许我们受一段早已破裂的感情的折磨，心里想的是好聚好散，却不愿承认有这种念头。通过使用WOOP，我们能够对这些强烈的愿望有更清晰的了解，真正能明白WOOP是什么，有什么用。继而可以将其应用在更世俗一些的愿望上面，如怎样将一段不愉快的对话继续下去，或如何把一个无所事事的下午过得丰富充实。

往往是通过WOOP练习，人们才能发掘出隐藏在心底的夙愿。比如说，一个酗酒者在首次使用WOOP时确定的愿望是："要是能把酒瘾戒了该多好啊。"然而，对这个愿望，他本能的反应可能是："嗯，不喝酒是挺好的，可喝点酒也挺不错嘛。"换句话说，让一个酗酒者去联想戒酒的好处是很难的。

在这里打住。再问自己一个问题：此时此刻，我真正的愿望是什么？上面那个酗酒者的回答可能是"改善与妻子的关系""重新成为工作团队里有用的人""做一个好父亲"……这些才是他真正牵肠挂肚的愿望。然而，实现以上任何一个愿望的障碍极可能就是酗酒。随后，这个人可以再做一次WOOP，从而对戒酒的重要性有更清晰的理解。

在初次使用WOOP时，除了可以从更实质性的、更牵肠挂肚的愿望开始，还可以试试短期的、24小时内的愿望。比如说，你想的是"在接下来的24个小时里，我真的很想跟妻子共进一顿美好的晚餐"或"在接下来的 24 个小时里，我想把手里这个项目做完"。假如你的愿望实现了，其最好的结果是什么？围绕这个结果展开想象。是什么妨碍了你实现愿望？想一想你内心的最大障碍是什么，围绕这个障碍展开想象。最后，思考一下如何才能克服那个障碍，制订一个"如果障碍出现，那么就采取行动去克服它"的计划。将这个计划重复一遍，将其牢记脑中。你可以在脑子里想象 WOOP，也可以将其记录在 WOOP 备忘卡上。

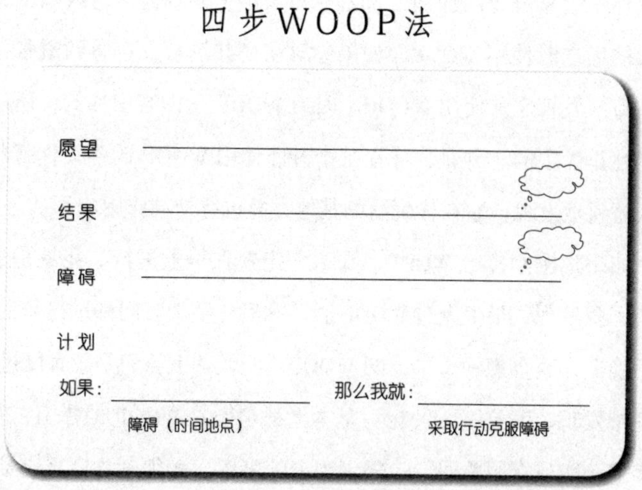

四步WOOP法

愿望	_____
结果	_____
障碍	_____

计划

如果：_____ 　　　那么我就：_____

　　障碍（时间地点）　　　　　　　　采取行动克服障碍

图 17：供日常使用的"WOOP 备忘卡"。

使用时间：醒来第一件事，睡前最后一件事

试过几次 WOOP 之后，你对它就熟络了，然后继续下去，试着在不同愿望上、在不同时间里、在不同情况下使用 WOOP，把 WOOP 养成习惯。我认识的人里，有很多都喜欢把 WOOP 作为早晨醒来的第一件事，或作为睡前的最后一件事。还有些人每天早晨上班时必做 WOOP。我认识的一位作家，在每次开始写作前做 WOOP，这样就能在写作时保持专注，并更好地处理妨碍写作的各种感觉。如果你是一家公司的经理，试着在每天早上来到公司时或圆满完成一天的工作时使用 WOOP。如果你对在公共场合发言感到紧张，那就在每次发言之前使用 WOOP。因为 WOOP 是内容中性的，所以其可能性是无限的。并且，你在某个方面使用 WOOP 越多，你就越会出人意料地发现，它在你生活的其他方面也有带动作用。

如果你刚刚接触 WOOP，那么一定要在早上进行。我就是这样做的，我发现，早上做过 WOOP 后，此后一整天时间都过得非常棒。到了晚上，我再想一想早上的 WOOP，回顾一下当天是怎么度过的。我经常发现，我这一天的行为基本上都是循着 WOOP 的指引，一步一步地预防或克服障碍，去实现当天的愿望，无须刻意打算或思考。这么做的话，你会真正理解 WOOP 在调整认知方面的厉害之处；你会感觉到，好像有一只看不见的手引领着你度过这一天。这是你的潜意识在发挥作用，毫不费力地改变你的感觉。此外，你会发现自己很轻松地就能养成新习惯（按常理，习惯可是需要大量练习，才能生根的）。

不管你选择什么内容来试验 WOOP，都要严格遵循它的基本格式。摈除杂念，不发短信，不看邮件，尽量独处。管住自己，不要让思绪在各个步骤之间徘徊。不要颠倒次序或遗漏步骤，在设定愿望、结果、障碍时尽量清晰明确。参考本书第六章的内容，真正投入一些时间来想一想你最大的愿望及其障碍，让你的想象自由驰骋！

如果你打算去追逐梦想了，那就务必选择有一定难度，但可以实现的愿望。如果你的愿望是去海王星生活，或一年之内变成亿万富翁，那 WOOP 可帮不了你。即使这样，在做 WOOP 时也需要你慢慢摸索其步骤。有时候，我们以为愿望触手可及，做过 WOOP 后却发现，其障碍远远超出预想；在这种情况下，WOOP 会将我们从这些愿望中解放出来，帮我们去追寻更实际的愿望。有时候，有的愿望乍看之下遥不可及，做过 WOOP 后却发现它其实是很容易实现，或在部分上是可以达成的。通过使用 WOOP，我们最大的收获往往是发现自己身上有大量的超出想象的"资源"可以使用。

那些想要摆脱身体疼痛的愿望就是最好的例子。很多人都不相信可视化技术能够治疗疼痛，不是有药片吗，对吧！可是我们看到有很多背痛患者在使用了 WOOP 之后都康复得不错，因为他们锻炼得更多了。我有个朋友，一直受到鼻窦炎的折磨，她在使用 WOOP 时所想的愿望是："不再头疼。"事后，她的头疼并未完全消失，但减轻了很多。在做 WOOP 时，她想到的障碍是"被头疼弄得筋疲力尽，焦虑不堪"。她发现，疲惫和焦虑并不是头疼的原因，但它们加剧了她的头疼。通过处理疲惫和焦虑的情绪，她的头疼就减轻了。

日常习惯：将 WOOP 装在口袋里

为方便大家日常使用，我们发布了一个免费的智能手机应用，它会带着大家逐步完成 WOOP 的 4 个步骤，跟踪愿望的实现情况，掌握其进度（可以在苹果应用商店下载 "WOOP" 手机应用）。我们最早设计的手机应用是针对低收入家庭的在校学生，尤其是高中生，旨在帮助他们实现上大学的愿望（该手机应用的名字是 woop to and through college）。在面对需要持久自律的目标时，很多青少年都没什么进展，而想上大学的低收入家庭的孩子表现得尤甚，因为他们对申请入学的各种程序并不熟悉，并且无法得到 SAT 辅导老师、同龄人互助小组等帮助。鉴于 WOOP 作为行为改变工具的效用已被证实，我们认为，将其做成手机应用，那将成为孩子和青少年使用 WOOP 的有趣而直观的途径。通过 "WOOP" 手机应用，他们可以与别人在 Facebook 上分享自己的愿望及状态，从而与同境况的人建立联系，交流彼此的问题、心事，以及解决问题和心事的方法。

最近，我们又推出了另一个版本的手机应用，供成年人在他们的工作和个人生活中使用。这个手机应用会督促着你逐个完成 WOOP 的 4 个步骤，帮你避开使用 WOOP 时常见的几个误区。你会感觉像是被一个信得过的朋友引领着做完了 WOOP 的思维练习，这在你感到疲惫、注意力无法集中的时候尤其有用。另外，因为你是以打字的方式将愿望、结果、障碍、计划输入到手机应用里，所以在确定这 4 个条目时就格外谨慎。同时，你还会花时间在脑中对设想的未来和障碍仔细考虑。

即使你对 WOOP 已经有经验了，这款手机应用也是有用的，因为它可以帮你专注于按正确的方法来完成 WOOP。并且，因为你的 WOOP 是记录下来的，还按照私人事务或工作事务或短期或长期进行了分类，所以你可以用它来观察你的愿望是如何随时间推移而变化的，你对障碍的称呼和界定是如何改变的，以及你同一个愿望的重复情况是怎样的。它就像记录了你的心愿的笔记本，让你随着时间的推移观察心愿的进展情况。此外，这款手机应用还能帮你把 WOOP 融入日常生活中。人们在使用 WOOP 时，偶尔会在使用频率上打马虎眼，认为只有在合适的时间和地点、集中精力时才能使用 WOOP。要做到这一点很有难度。有了这款手机应用，你就可以把 WOOP 装进口袋里，随时随地用它。

虽然使用 WOOP 的前提条件是创造一个便于思考的环境，但大家不必刻意去寻找完全安静或隐秘的地方。有了这款 WOOP 手机应用，看到它出现在手机屏幕上，你就能想起应该创造宝贵机会去做 WOOP，如在候机厅里等着登机时，堵车时，排队看牙时……如此一来，你在每一天的生活中也能找到机会使用 WOOP，在紧急事件出现时立刻应对。这样自己干的傻事——如疲倦不堪时仍打算工作，在面对棘手问题时犯了拖延症等，就少多了。你对愿望的关注也将不再停留在大体框架上，而是细化到了每小时、每分钟。

校正：挖掘内心中深层障碍

之所以说每天使用 WOOP 是很重要的，其原因之一就是，你需要充足的时间对愿望进行调整，以应对不断变化的条件和结果。比如说，一位推销员最初的愿望可能是每天谈成 10 单生意，这个愿望的最佳结果就是"因今天工作刻苦而满意，我可以骄傲地去上司那里汇报工作，对自己的工作表现很自信"。他实现愿望的障碍可能是"我没那么多时间去打推销电话"。为什么时间不够呢？"因为我把过多时间用在跟同事聊天上了"。那么，他的"如果……那么……"计划就是"如果我发现自己正跟同事闲聊，那么我就抽身离开，去打推销电话"。比如说，你把这个"如果……那么……"计划付诸实践了，而且在一定程度上获得了成效：你一天做成了 5 单生意，而不是往常的每天三四单生意。这时先不要觉得沮丧或对 WOOP 失去信心，首先问问自己，每天做成 10 单生意是否是现实的。也许第二天你就会调整愿望，将其改为"每天做成 6 单生意"；也许第三天你连战连捷，仅用一个上午就把一天 6 单生意的目标完成了 4 个，这时你可以再做一次 WOOP，为下午做计划："今天下午我要尽量给潜在客户打电话，争取一天能做成 7 单生意。"如此一来，你是给了自己一个机会对愿望进行调整，以应对能力的起伏变化。这样，你就是灵活而有弹性的，与目标越来越近，而不是一板一眼地去追逐一个恒定不变的目标，在未能如愿时心生沮丧。有时候，问题不是要对愿望内容的大小多少进行调整，而是发掘到更新、更深层的愿望。比如说，一个名叫雷伊的人，他太胖了，身材都走了样。他想到的愿望是半年减掉 10 千克体重。通过做 WOOP，雷伊意识到阻碍他实现愿望的，是他大吃大喝的习惯，而导致他大吃大喝的根源是什么呢？接着他就会发现，他大吃大喝，因为他"孤独"或"生活很不开心"，他是用"吃"来填补情感的空虚。那么，他怎样才能不那么"孤独"呢？"嗯，"雷伊答道，"我喜欢冲浪，我可以通过冲浪多结识一些人。"于是，他的"如果……那么……"计划就制订出来了："如果我再感到孤独，我就上网找个冲浪俱乐部加入。"

这时雷伊也许会发现，他的下一个愿望可能就是"少一些孤独"或"多与人交往"。在围绕这个新愿望使用 WOOP 时，他发现，阻碍这个愿望实现的最大障碍是信心不足，其来源是过去的一些经历——人们都叫他社交笨蛋。他想打电话给一个好友寻求支持。然而这个想法又变成了他的第三层愿望。接着他发现，自己太忙了，挤不出时间给人打电话聊天。那么，这个愿望的障碍是什么？他每天晚上都忙着上网，没有时间干别的事。这时他顿悟过来了：马上关掉电脑，给朋友打电话，约时间明天晚上一起吃饭。雷伊现在是在着手实现他的最新的愿望，而这个愿望的实现也会让他达到最初的"减掉 10 千克体重"的目标。

就像上面这个例子里表述的那样，对愿望的调整可以诱发我们对内在障碍的理解进行提炼。在我们前进路上，没有单一的、"正确"的障碍。其实是通过对"什么妨碍了我？"这个问题的答案进行坦率的审查之后，我们才认为此障碍是"正确的"。如果我们最早得出的答案是"我没有那么多时间"，那么你又要问自己了："为什么我时间不够呢？"通常情况下，还有潜藏的、内在的障碍等着你，也许是一种恐惧令我们在拖延中浪费了时间；也许是因为我们在人际关系上很不安，把不必要的时间用在了交际方面。在做 WOOP 时，我们可以停留在表面，也可以深挖。随着一次次想起愿望和心事，我们可以一点点地挖掘深层的障碍。

我第一次教同事芭芭拉使用 WOOP 时，她说她的愿望是通过每晚背 1 个小时的单词来学法语。她想到的障碍是"原打算某一天学习，却总做不到"。我问她为什么会放弃学习计划，她说她总是会被别的事情分心。OK，为什么会分心呢？我又问道。芭芭拉被这个问题难住了。她不知道为什么。"应该是跟我与爱人的关系有关。每次我想要做什么事时，总不能坚持立场。他总是安排我晚上的事情，事实上，我的日程安排都是他做主，所以分心的事情特别多。"于是她就面对一个选择：一是继续做 WOOP，制订一个计划来应对分心；一是挖一下深层的障碍（在爱人面前无法坚持立场）并制订一个相应的"如果……那么……"计划。如果芭芭拉选择了后者，她可能同时解决生活中的多个问题，从而想出综合处理方式，马上能帮助她在多个方面取得进展。不过，芭芭拉认为自己还没对后一个选择做好情感的准备，因此暂时她只想针对学习，制订一个"如果……那么……"计划："如果我发现在学法语单词时被打扰了，我就对爱人解释说我很想学法语，需要每晚 1 个小时的学习时间。"

对 WOOP 投入越多，你的收获就越多。如果你想尽可能地找到深层的障碍，那就对自己坦诚一点。真正妨碍你的是什么？你不必把它说出来，自己知道就行。因为这个障碍也许并不光彩。也许它会伤到你的自尊，也许它是你长久以来不愿面对的自己真实的一面。

没关系，现在是时候面对它了。在做 WOOP 时将它亮给自己看看。你会发现，因为你对阻力有了透彻的理解，解决障碍的方法也就展现在你面前了。WOOP 逼着我们扔掉平日里的种种借口，不再责怪他人或外部因素，而是将注意力放在内心的障碍上面。没有了借口的干扰，我们的梦想路途就豁然开朗了。

评估：WOOP 是一种综合解决方法

有些人开始使用 WOOP 的时候不是为了理清思路，而是为了迅速达成某个特定的梦想。如果未能立刻见效，他们就对 WOOP 浅尝辄止了。如果你使用了 WOOP，却未能立刻见到想要的效果，这其中也是有原因的：也许你没有正确遵循 WOOP 的每个步骤；也许你选择的愿望太大，需要对其进行调整。不论是什么情况，先不要失望、仓促地下结论说 WOOP 没用。做一些调整，再试一次。在选择愿望的时候，WOOP 有一种了不起的能力，那就是帮我们选择、追逐那些能够达成的愿望，放弃那些不切实际的愿望。

比如，我的同事琳达下午做了 WOOP，她选择的愿望是第二天早上 6 点起床，去处理一大堆未回复的邮件。然而，当天下午加班后她跟同事去吃了工作聚餐，上床睡觉时已经是凌晨了。于是她便认为，自己绝不可能第二天早上 6 点起床了，她得多睡一点，这样第二天才能精神饱满。第二天我见到她的时候，她向我抱怨说，

WOOP 一点用都没有。我跟她解释说，事实上 WOOP 对她是起了作用的，因为它使她果断地选择了一个替代的、更好的做法。在她的 WOOP 里，她选择了一个很不现实的愿望，因为实现此愿望的障碍——晚上加班后去吃工作餐，难以克服，于是她很理智地放弃了这个愿望，选择了另一条更好的路。接下来，她也许会对目标进行轻微调整，睡足了 8 小时，再去处理邮件。

有时候人们向我反馈说 WOOP 对他们没有效果，我却发现，他们并不像琳达一样从不切实际的愿望中抽身而出，而是已经实现了愿望而不自知。比如说，克莱尔针对"少吃瘦肉"的愿望做了WOOP。3 周过后，当我问她吃了多少瘦肉时，她回答说："瘦肉这件事还算不错，我上周一点瘦肉都没吃。可我喝酒的恶习还没改掉，所以 WOOP 没什么用处，我的饮食习惯没有太大改变。"在这一刻，克莱尔轻描淡写地放过了她"少吃瘦肉"的成就，转而把注意力放在了一个新的、尚未达成的愿望上面，而这个新愿望并未经过WOOP 的处理。所以，不要对通过 WOOP 达成的成就视而不见。我们一直都有一个根深蒂固的观点，那就是要获得成就，就得付出一系列努力；而 WOOP，大家也都看到了，它是作用在我们的潜意识里，其结果就是，人们常常是在追逐愿望时取得了大量进展，自己却不知道。甚至会在客观的测量方式证明他们已有进展的时候认为自己失败了。因此，在实现了愿望之后一定要好好核实一下。

在人们开始跟踪核实其愿望时，他们有时会感到十分震惊，因为他们发现 WOOP 已经大大改变了他们的生活。我认识一位律师，他就要被任命为律师事务所董事长了。他知道自己一向比较专横，于是想做出改变，变得"和善"一点。他想多听听别人的心事，表现得更有人情味。夏季度假期间，他对这个愿望做了 WOOP，转头就把这件事忘了。今年 12 月，他已当上董事长 3 个月了，偶然间他在桌子抽屉里发现了当时写在纸上的 WOOP 内容。他很高兴，因为在过去的几个月时间里他对同事们都很和善，也更通情达理。就这样，WOOP 作用于他的潜意识，不知不觉地推着他朝着目标前进。

在对 WOOP 所取得的进展进行评估时，一定要把你的生活全部考虑在内。WOOP 带给你的，是心理学家所说的"综合解决方法"——广泛覆盖、涉及多个方面的解决办法。比如，吉尔使用 WOOP，因为他想提高睡眠质量。好多年了，他因为焦虑的原因每晚都要从睡眠中醒来一两次，醒来后又很难再睡着。他每天晚上都针对"睡个好觉"这个愿望做 WOOP。一个月过后，他发现自己能有规律地每晚一连睡上七八个小时。同时他还有别的发现：他在健身上也有了进展，用在锻炼上的时间大幅增加。并且，与之前相比，他在工作上也更专注、更有成效了。当然，我们不能将这些全部都归功于 WOOP。也许，因为睡眠质量提高了，吉尔在做其他事的时候也表现得更好了；也许，通过处理妨碍他睡眠的潜在障碍，吉尔也把这个障碍对生活中其他方面的影响一并消除了，从而改善了自己的锻炼情况和工作表现。WOOP 所触发的认知改变和行为改变，与吉尔有意无意中为解决睡眠问题所做的事，二者相互作用，而这一切都是在他无法感知的情况下发生的。WOOP 本身所释放的能量在此过程中得到了发挥。WOOP 给群体所带来的改变是很明显的，而个人在使用 WOOP 时，就应该多加留意生活中其所做出的明确而独特的改变，以此来评估 WOOP 的效用。

案例 1：在压力过大时如何使用 WOOP

　　另一个能证明 WOOP 的益处的场景，是在处理紧急事务或持续的压力时，比如你即将要做的商务演讲，需要乘坐某次航班，与对你苛刻的上司共事等。偶尔使用 WOOP 的人往往不会将其用在紧迫的情况下，他们只知道围着刺激的来源团团乱转。然而，如果你把 WOOP 养成了习惯，在紧急时刻你就会暂停，对自己说："等一下——用 WOOP！"比如说，你要在 200 个人面前主持商品发布会，于是你用 3 分钟做了 WOOP。你的愿望是什么？把发布会做好。最佳结果是什么？把发布会的内容传播出去，与听众产生共鸣。你内心的障碍是什么？也许是一种普通的紧张感，如"搞不好会丢人"，或某个技术上的障碍，如"我的语速太快了"或"有时候会忘记发言的要点"。这样你的计划很容易就能成形"如果我感到紧张了，那么我就提醒自己：我以前做的商品发布会都很成功""如果我发现自己语速过快了，我就慢下来""如果我发现自己忘了发言要点了，我就先把这件事记在心上，发布会最后再补充一下"。有了这样一个计划，潜意识里又有了"愿望""事实""有益的行为"之间的认知关联，你就能从容应对障碍，在紧迫情况下自信地行事。

　　在商场上，紧迫的情况层出不穷，因为我们需要同时处理很多事务。WOOP 能帮你克服潜伏的障碍，优先解决当务之急。在本书提到的研究里，我跟同事使用心理比对和 WOOP 帮助卫生保健提供者更好地管理时间，不会因工作量堆积而导致压力。要想明白其中的道理，大家可以想象自己在下午 5 点参加一次商务会议。15 分钟之后，如果会议还不结束，你不能去幼儿园接孩子的话，你那 4 岁的孩子就会在寒风中等在幼儿园门口。在围绕"及时从会议上离开"这个愿望做 WOOP 时，你发现，你真正的障碍是"羞怯"，无法自信地在到接孩子的时间时对上司和同事们说："还有 5 分钟孩子就要放学了，我得去接他。"在理解了这一点之后，你自然而然就找到了解决办法：想出一个友好而有效的办法离开会议，而不是别别扭扭熬了 10 分钟才散会，然后心急火燎地去接孩子，赶到校门口时已是身心疲惫。只要使用一次 WOOP，你就能找到一个办法来解决一周时间里多次出现的紧迫事件，想一想，这样的话你的生活将会改善多少。我们常常会面对一些来自外部的、无法改变或克服的压力，比如说——上司对你有意见，常常当众呵斥你。尽管我们对上司无能为力，但 WOOP 能让我们在保持心情舒畅、自尊不受损害的前提下处理这件事。我们想处理某个正当而不可逃避的外部挑战时，就问自己，在我们身上是什么东西妨碍了我们，使我们无法富有成效地处理这件事。也许认为自己会吃亏，也许是心怀不满，也许是不敢把感觉说出来，将其公之于众。在这种棘手的情况下，我们无法改变外部世界，但我们可以发掘出自己想怎样应对心中的愿望、再次充满能量，然后用 WOOP 真正按心中所想去应对。

案例 2：在焦虑不安时如何使用 WOOP

要是困扰你的不是压力，而是你对将来某些事情的不合理的焦虑，那该怎么办？在本书第四章中我曾介绍过一项研究。在那项研究中，我们使用心理比对去帮助那些心怀恐惧的人，尤其是那些有"仇外心理"的青少年。如果你对即将寄来的个人所得税申报表感到莫名其妙的焦虑（其实你有足够的钱来交税），那就试试用 WOOP 来处理它吧。这次不是首先想一个愿望，再幻想其乐观的未来，而是想象收到今年的所得税申报表后最糟的结果是什么。生动而详细地在脑中想象这个结果。想象你需要拱手交出多少钱，以及在交税时你多么难过。接着，想象一下能抵抗这种消极前景的乐观事实。在上面的例子中，你只需要想象一下在你的银行账户里有足够的钱来交税，或者在圣诞节时你将拿到一张奖金支票，并用它来交税。最后，制订一个"如果……那么……"计划："如果我开始为交所得税而感到焦虑了，那么我就提醒自己，我银行里的钱足够交税。"

我们往往是把自己困在危险的想法里，不敢去考虑别的可能性或其他的选择。其实，拿出时间让思绪自由游走，然后再关注于令人安心的事实，这样做往往会把我们从强迫性的想法里解放出来。还有"如果……那么……"计划，在习惯性的恐惧心理出现时，它就是我们的应对策略。如果你害怕研究生不能毕业，那就想想此前你在学习上的优异表现，或最近得到的同学们的支持和鼓励。如果你莫名其妙地害怕丢掉工作，那就想想老板最近跟你的交谈是多么抚慰人心。别向恐惧低头，用 WOOP 来对付它。你会觉得更镇定，少一些无助，更有把握。恐惧感从你身上散去，这一刻你会有种解脱的感觉。如果你被这种莫名其妙的焦虑困扰，上述那种"胜利"能给你信心，当焦虑再次出现时，你就能对付它了。

案例3：在思路模糊时如何使用 WOOP

除了能更有效地帮助我们采取行动（或戒除某些行为）、应对恐惧，WOOP 还能帮我们理清思路。有时候我们并没有一个清晰的愿望，而是只想解决眼前的问题或决定，比如"我是否应该横穿国境去看望一位老朋友？"或"我是否应该拿出一整晚的时间跟女儿谈谈话？"在这种情况下，你可以将一个行动方案作为愿望，然后想象其障碍。这么做就能帮助我们解决这种困境。事实上，在这种情况下我们做的并不是 WOOP，而是其中心理比对的那一部分。比如上面所说的"横穿国境去看望老朋友"的例子，"去"就是我们的愿望，而它的结果就是"能与老朋友重聚很快乐，我又找回了从前的感觉"。它的障碍是什么呢？"嗯，钱。要是把钱花在飞机票上，我就不能买新车了。可我太需要一辆新车了，这是我的当务之急。"OK，答案就很明显了："我不应该横穿国境去看望老朋友。"在这件事上理清思路之后，随之而来的就是更果断的行为——在这个例子里即"买辆新车"。

也许你感到困扰的不是某个左右为难的决定，而是一种模糊不

191

安的感觉。如："我为什么害怕这个周末跟高中同学盖瑞见面？"在这种情况下，你可以将"克服这种不安"作为愿望。"如果能跟盖瑞一起度过这个周末，那不是很好吗？"

接下来就开始思考这个愿望的结果，比如"感觉很圆满"或"感觉很放松"或"周末跟盖瑞叙叙旧"。在使用 WOOP 时，下一个步骤才是至关重要的：你内心的障碍是什么？这是你第一次被逼着去认真考虑，与盖瑞见面这件事的模糊感觉下面潜伏的障碍。在此过程中，你开始对情况有了更清晰的了解。"我害怕见到盖瑞，因为他说的话总令我感到不安，我怕他又会这样做。"对这个解释进一步深思，你会得到更深层的领悟："我之所以会在盖瑞面前感到不安，是因为他在工作上很成功，跟他相比，我总觉得低人一等——尽管我知道我并不比他差。"在这一层上，你可以继续深挖，也可以就此制订一个"如果……那么……"计划，使自己与盖瑞相处时变得轻松愉快。"如果跟盖瑞在一起时我感到不安了，那么我就想一想我迄今为止所取得的成就。"如此一来，不管你与盖瑞相处的周末是怎样的，你已经找到了事情表面下的实质，你为自己解开了一个谜题，还或大或小地丰富了自己的人生。谁知道呢，说不定你改变了事事与盖瑞、与别人相比的习惯之后，你的其他愿望也变得越来越可行了。

案例 4：未成年人如何使用 WOOP

本书中有大量实验已经证实了，心理比对和 WOOP 能帮助小孩子调控努力程度，更好地实现愿望。在某些方面，跟成年人相比，孩子在学习和使用 WOOP 时更有优势。很多成年人都不愿"放逐"他们的理性思维，不愿让思绪无拘束地驰骋。他们很难把自我放在一边，不愿面对阻止愿望实现的内心因素。与孩子相比，他们很少与愿望亲密接触，不好意思将愿望说出来。

在做研究的时候，我们曾与七八岁的孩子合作过。我们让他们以书写的形式实验 WOOP，因为他们已经会识字、写字了。不过，WOOP 对年龄更小的孩子一样是有效的，WOOP 的步骤通过口头指导来完成也是可以的。在孩子们身上，在调节他们可能要失控的情绪，继而影响其在校表现时，我们常常发现 WOOP 是很有用的。在一所以低收入家庭孩子为主的学校，有名三年级的学生，在学校时，一点点挫折都会让他哭上一个小时。这种情况已经有好几年时间了，老师、辅导员都束手无策。有一天，校长用 WOOP 的手机应用帮助他做了一次 WOOP。他制订的"如果……那么……"计划是，只要遇到挫折，就立刻深呼吸 5 次。几天之后，他又遇到不痛快的事了，就让老师去找校长要手机。老师却不明白是怎么回事。他要校长的手机干什么？"我要用手机做 WOOP，这样我就不会崩溃了。"这个孩子眼里含着泪水答道。碰巧这位老师也是熟悉 WOOP 的，于是他就引领着这个孩子在脑子里做了一遍 WOOP，接着他的情绪就稳定下来了。

在教孩子使用 WOOP 时，一定要找一个孩子最看重的（而不是你最看重的）愿望。你认为孩子的愿望应该是"做完作业不是很好吗"，可"完成作业"也许根本不是你的孩子最关心的事。我曾问一个小女孩她最大的愿望是什么，她答道："我想当一名舞蹈家！"我问了她这个愿望的最佳结果，接着就跟她一起想象其障碍。"障碍嘛，"她说道，"就是我从学校里毕不了业，这样就不能成为舞蹈家了。"我用在成年人身上试过的同样的办法帮她深挖了一下："妨碍你从学校里毕业的是什么呢？""我学习不大好。"

"为什么不好呢？"

"因为我数学和英语学得不好。"

"为什么呢？"

"因为我总不做作业。"

"你为什么不做作业呢？"

"因为我下午放学后就看电视。"

障碍找到了——下午看了太多电视。接下来就简单多了，制订一个"如果……那么……"计划。"如果我下午开始看电视了，那么我就关掉电视，去做作业。"如果我们是以"做更多作业"为愿望，那么这个孩子是不愿意做这次 WOOP 的。以她所看重的愿望为起点（并且她愿意围绕这个愿望展开乐观的幻想），她就能站在另一个角度看待"看电视"这件事，亦即妨碍她实现愿望的事实。我之所以建议在孩子们中间推广 WOOP，其原因之一是，你用得越早，其效果的提升空间就越大。最近几十年里，有些教育学家、育儿专家已经不再对管教（如禁足）、礼仪教育（在饭店吃饭时说话声音要小一些）、生活惯例养成（如固定的晚饭时间）等持有盲信的态度，因为那样会束缚孩子们探索的自由。这样做有其优点，但也有一个缺点，那就是孩子们有时候学不到一些技巧和习惯，以此来调节他们的精力、实现目标。而 WOOP 能给孩子们提供有用的策略，让他们表现得更好。若是在较小的年龄就学会 WOOP，他们就能更早地开始追逐梦想。他们会更好地掌握一些基本的行为方式，以适应周围世界，如听取别人的意见、从反馈中学习、控制情绪等。掌握了这些行为方式之后，他们就能将其养成习惯，并往上增砖添瓦。

结语：每个人都需要从壳里走出来

WOOP 是一种工具，它就像锤子、钢琴、自行车一样，可以有不同的用法，有不同的结果。在某些情况下，人们会使用 WOOP 来调整他们的愿望，在另外的情况下，他们可能会用它来找出很难克服的障碍，从不开心的追求中抽身而出，重新追逐曾经无法把握的梦想，或仅仅是更好地理解自己的愿望。不论你用 WOOP 来干什么，都要记住一点，这种工具根本上是与别人、与周围世界建立联系。是的，你从心理比对的过程中对自己了解了很多，但这种自我了解往往是为了更大的目标，亦即与别人与世界联系而服务的。

现代社会，人们来去不定，愿望或目标，追逐、撤离；联系，建立、断裂。WOOP 能让你融入这种潮流中，使其变成生活的一部分，朝着特定的方向流动。使用 WOOP 来克服恐惧和焦虑，这样就能敞开心扉，解开束缚与外界联系。即便那些表面上看起来只与你一个人相关的愿望——比如改善睡眠、减肥、健康饮食等与健身或改善健康状况有关的愿望，WOOP 也能让你更乐观地投入生活。你感觉更好，精力更充沛，因此就会更愿意投入到原先回避的那些活动中去。甚至在做 WOOP 时，你也会从自己的小世界里走出来，因为它会督促着你寻找实现愿望的障碍，而这一过程往往会涉及别人（比如上文中提到的芭芭拉的例子，她晚上学法语的障碍其实是与她的爱人有直接的关系）。

WOOP 是一个机会，它能让你解开束缚，从壳里走出来。即使在一个自由得到保障、有很多选择的社会里，由于受到各种烦心事的困扰，我们真正享受到的自由也不算多。我们跟自己说，不能做这个，不能做那个。我们不敢直视自己的不安，将挫败归咎到别人或外部环境上面。我们得解放自己。我们得调整自我，这样才能始终追求自己的梦想，而不是被别人的想法或言语所左右。我们还要管好自己，这样才能在千千万万条路里做出明智的选择。花一点时间，想象一下自己渴望的未来，再想一想妨碍了愿望实现的内部因素，这么一个简单的行为就能有天翻地覆的影响。透过层层借口和未经证实的信念，筛选种种彼此冲突的选择，从不切实际的愿望里抽身而出，向着可以达成的愿望前进。唤醒潜意识，锁定可以达成的愿望，全力以赴朝着选好的路前行。

　　重新审视积极思维，进而形成新的动力学说，再将其应用起来，去改善人们的生活，解决社会问题，这件事我们才刚刚开始做。但有一件事我们很清楚：要想活得明白、活得充实，就必须勇敢面对在妨碍实现愿望这件事上自己所扮演的角色。认识到这一点并不复杂，但其意义深远，足以影响你的一生。有了 WOOP 和心理比对，我们就能在它们会给我们及周围人带来益处的时候，全力以赴行动起来。我们能释放出内心里蕴藏的巨大力量，去改变那些为害多年的思维习惯和行为习惯。听起来像是天方夜谭，给人的感觉就像魔法，但科学证明它是真实的。祝大家能在发现的旅途中好运连连。最后，我想用两个至关重要的问题来结束本书的内容，我希望大家也能经常问问自己：你最大的愿望是什么？妨碍你实现愿望的是什么？

致　谢

　　我的愿望是什么？我想跟所有为书中的研究做过贡献的人一起坐下来，再继续谈谈下一步的实验计划。可惜的是，这个愿望有一个明显的障碍。我要向所有学生和同事表示感谢，他们的创造力和自始至终的投入促使我在探索的道路上越走越远。尤其要感谢马利克·安德里安塞、安吉拉·达科沃斯、卡特琳娜·加瑞罗（Caterina Gawrilow）、海蒂·格兰特·霍尔沃森（Heidi Grant Halvorson）、阿德烈亚斯·卡普斯、希瑟·巴里·卡普斯、丹尼尔·科克（Daniel Kirk）、迈克尔·马夸特（Michael K. Marquardt）、多丽丝·马耶尔、海耶－若·派克（Hyeon-ju Pak）、贝蒂娜·斯克沃尔（Bettina Schwinar）、蒂姆尔·斯文瑟、哥特劳德·斯塔德勒、麦克·温特（Mike Wendt）、桑德拉·维特利得（Sandra Wittleder）。谢谢你们，同样谢谢所有参与了研究的大学生们，你们的辛勤工作和奉献对我们的研究至关重要。有很多人参与了我们的研究，我要向他们表示感谢。同时要感谢的还有以下大学院校、研究机构和基金资助机构，你们的慷慨资助使得我们的研究成为现实：柏林马克斯·普朗克人

198

类发展研究所、汉堡大学、纽约大学、比尔及梅琳达·盖茨基金会（Bill & Melinda Gates Foundation）、德国职员医疗保险（Deutsche Angestellten Krankenkasse）、德国研究基金会（German Research Foundation）、德意志学术交流中心（German Academic Exchange Service）、美国卫生研究院（National Institutes of Health）。

　　伊拉莉亚·戴格尼尼·布瑞（Ilaria Dagnini Brey）、斯科特·凯瑟曼（Scott J. Kieserman）、克劳斯·迈克尔·莱宁格（Klaus Michael Reininger）阅读了本书的初稿并提出了宝贵的意见，在此向他们表示感谢。但若是没有布鲁克·凯里（Brooke Carey）的开头及鼓励我将研究结果公之于众，本书是不可能问世的。布鲁克将我介绍给了阿德里安·扎克西姆（Adrian Zackheim）和艾米丽·安吉尔（Emily Angell），他们慷慨而建设性地带领我度过了出版的全过程。玛戈·斯塔马斯（Margot Stamas）和杰西·麦西罗（Jesse Maeshiro）提供的帮助是无价的。我的图书代理加尔斯·安德森（Giles Anderson）全程给我支持。还有我的写作顾问赛斯·舒尔曼（Seth Schulman），他帮助我这个英语不是母语的人写出了一本可读的英语书。在赛斯的帮助下，整个写作过程都是有趣而愉快的。我会将这段合作的经历牢记于心，对你的感激永不忘怀。多丽丝·马耶尔是我多年的同事和朋友，她不仅在本书校正过程中给我帮助和支持，还跟我一起完成了大量的研究工作。贝蒂娜·斯克沃尔给了我勇气将研究结果传播出去，还在制作 WOOP 手机应用时提供了宝贵的帮助。

　　最后要感谢的是我的家人：我的叔叔特雷泽，没有他就没有我的今天；我的两个儿子——安东和雅各布，他们在多年的研究岁月里一直陪伴在我的身边；我的丈夫彼得，同时是我的学术伴侣，他常常给我鼓励，还为我提供标新立异的研究建议，能跟他分享我的现实和未来的愿望，我感到万分幸福。